U0655635

国网湖北省电力公司　组编

电网企业生产岗位技能操作规范

电力负荷控制员

中国电力出版社
CHINA ELECTRIC POWER PRESS

内 容 提 要

为提高电网企业生产岗位人员的技能水平和职业素质，国网湖北省电力公司根据国家职业技能标准及电力行业职业技能鉴定指导书、国家电网公司技能培训规范等，组织编写了《电网企业生产岗位技能操作规范》。

本书为《电力负荷控制员》，主要规定了电力负荷控制员实施技能鉴定操作培训的基本项目，包括电力负荷控制员技能鉴定五、四、三、二、一级的技能项目共计 52 项，规范了各级别电力负荷控制员的实训，统一了电力负荷控制员的技能鉴定标准。

本书可作为从事电力负荷控制作业人员职业技能鉴定的指导用书，也可作为电力负荷控制作业人员技能操作培训教材。

图书在版编目（CIP）数据

电网企业生产岗位技能操作规范. 电力负荷控制员/国网湖北省电力公司组编. —北京：中国电力出版社，2015.8（2022.4重印）
ISBN 978 - 7 - 5123 - 6557 - 5

Ⅰ. ①电… Ⅱ. ①国… Ⅲ. ①电网-工业生产-技术操作规程-湖北省②电力系统-负荷（电）-控制系统-技术操作规程-湖北省
Ⅳ. ①TM - 65

中国版本图书馆 CIP 数据核字（2014）第 230188 号

中国电力出版社出版、发行
（北京市东城区北京站西街 19 号　100005　http://www.cepp.sgcc.com.cn）
北京天宇星印刷厂印刷
各地新华书店经售
*
2015 年 7 月第一版　2022 年 4 月北京第二次印刷
710 毫米×980 毫米　16 开本　14.75 印张　278 千字
印数 2001—3000 册　定价 **40.00** 元

序

现代企业的竞争，归根到底是人的竞争。人才兴，则事业兴；队伍强，则企业强。电网企业作为技术密集型和人才密集型企业，队伍素质直接决定了企业素质，影响着企业的改革发展。没有高素质的人才队伍作支撑，企业的发展就如无源之水，难以为继。

加强队伍建设，提升人员素质，是企业发展不可忽视的"人本投资"，是提高企业发展能力的根本途径。当前，世情国情不断发生变化，行业改革逐步深入，国家电网公司改革发展任务十分繁重。特别是随着"两个转变"的全面深入推进，"三集五大"体系逐步建成，坚强智能电网发展日新月异，对加强队伍建设提出了新的更高要求，迫切需要培养造就一支能适应改革需要、满足发展要求的优秀人才队伍。

世不患无才，患无用之之道。一直以来，"总量超员，结构性缺员"问题，始终是国家电网公司队伍建设存在的突出问题，也是制约国家电网公司改革发展的关键问题。如何破解这个难题，不仅需要我们在体制机制上做文章，加快构建内部人才市场，促进人员有序流动，优化人力资源配置；也需要我们在素质提升方面下功夫，加大员工教育培训力度，促进队伍素质提升，增强岗位胜任能力。这些年，国家电网公司坚持把员工教育培训工作作为"打基础、管长远"的战略任务，大力实施"人才强企"战略和"素质提升"工程，组织开展了"三集五大"轮训、全员"安规"普考、优秀班组长选训、农电用工普考等系列培训活动，实现了员工与企业的共同发展。

这次由国网湖北省电力公司统一组织编写、中国电力出版社出版发行的《电网企业生产岗位技能操作规范》丛书，针对高压线路带电检修、送电线路、配电线路、电力电缆等 17 个职业（工种）编写，就是为了规范生产经营业务操作，提高一线员工基础理论水平和基本技能水平。

本丛书内容丰富充实、说明详细具体，并配有大量的操作图例，具有较强的针对性和指导性。希望广大一线员工认真学习，常读、常看、常领会，把该书作为生产作业的工具书、示范书，切实增强安全意识，不断规范作业行为，努力把事情做规范、做正确，确保安全高效地完成各项工作任务，为推动国网湖北省电力公司和国家电网科学发展做出新的更大贡献。

寄望：春种一粒粟，秋收万颗子。

是为序。

国网湖北省电力公司总经理　尹正民

2014 年 3 月

编　制　说　明

根据国网湖北省电力公司下达的技能培训与考核任务，需要通过职业技能的培训与考核，引导企业员工做到"一专多能"并完成转岗、轮岗培训；更需要加强原来已实施多年、涉及多个工种的职业操作技能培训考核体系的系统性、连贯性和可操作性，从而引导员工的职业规划设计、辅助构建电网员工终身教育体系。湖北电力行业的各技能鉴定站/所应按照技能操作规范的要求，落实培训考核项目，统一考核标准，保证在电网企业内的培训与考核公开、公平、公正，提高培训与鉴定管理水平和管理效率，提高公司生产技能人员的素质。

本规范丛书依据电力行业职业技能鉴定指导书和国家电网公司企业标准Q/GDW232—2008《国家电网公司生产技能人员职业能力培训规范》，以及国网湖北省电力公司针对企业员工生产技能岗位设置和岗位聘用原则等编写的电力行业主要工种的技能操作规范，提出并建立一套完整的可实施的生产技能人员技能培训与考核体系，用于国网湖北省电力行业各级职业技能鉴定的技能操作部分的培训与鉴定，保证技能人才评价标准的统一性。依据国家劳动和社会保障部所规定的国家职业资格五级分级法，以及现行电力企业生产技能岗位聘用资格的五级设置原则，本规范各工种分册培训与鉴定的分级按照五级编写。

一、技能操作项目分级原则

1. 依据考核等级及企业岗位级别

依据劳动和社会保障部规定，国家职业资格分为五个等级，从低到高依次为初级技能、中级技能、高级技能、技师和高级技师。其框架结构如下图所示。

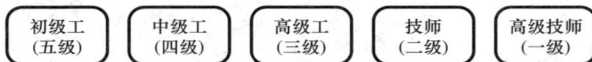

初级工 （五级）	中级工 （四级）	高级工 （三级）	技师 （二级）	高级技师 （一级）

电网企业技能岗位按照五级设置

2. 各级培训考核项目设置

本规范丛书依据国网生产技能人员职业能力培训规范，制定了与职业技能等级相对应的技能操作培训考核五个级别的考核规范，系统地规定了各工种相应等级的技能要求，设置了与技能要求相适应的技能培训与考核内容、考核要求，使之完全公开、透明。其项目的设置充分考虑电网企业的实际需要，又按照国家职业技能等级予以分级设置，既能保证考核鉴定的独立性，又能充分发挥对培训的引领作用，具有很强的针对性、系统性、操作性。操作规范等级制定依据如下表。

电网企业各级职业技能等级能力

职业等级	职业技能能力
五级 （初级工）	适用于辅助作业人员、新进人员以及其他具有中级工以下职业资格人员，能够运用基本技能独立完成本职业的常规工作
四级 （中级工）	能够熟练运用基本技能独立完成本职业的常规工作，并在特定情况下，能够运用专门技能完成较为复杂的工作；能够与他人进行合作
三级 （高级工）	能够熟练运用基本技能和专门技能完成较为复杂的工作，包括完成部分非常规性工作；能够独立处理工作中出现的问题；能指导他人进行工作或协助培训一般操作人员
二级 （技师）	能够熟练运用基本技能和专门技能完成较为复杂的、非常规性的工作；掌握本职业的关键操作技能技术；能够独立处理和解决技术或工艺问题；在操作技能技术方面有创新；能组织指导他人进行工作；能培训一般操作人员；具有一定的管理能力
一级 （高级技师）	能够熟练运用基本技能和特殊技能在本职业的各个领域完成复杂的、非常规性的工作；熟练掌握本职业的关键操作技能技术；能够独立处理和解决高难度的技术或工艺问题；在技术攻关、工艺革新和技术改革方面有创新；能组织开展技术改造、技术革新和进行专业技术培训；具有管理能力

在项目设置过程中，对于部分项目专业技能能力项涵盖两个等级的项目，实施设置时将该技能项目作为两个项目共用，但是其考核要求与考核评分参考标准存在明显的区别。其中，《抄表核算收费员》《农网配电营业工》因国家职业资格未设一级（高级技师），因此本丛书中的这两个分册按照四级编制。

目前该职业技能能力四级涵盖五级；三级涵盖五、四级；二级涵盖五、四、三级；一级涵盖五、四、三、二级。

二、汇总表符号含义

技能操作项目汇总表所列操作项目，其项目编号由五位组成，具体表示含义如下：

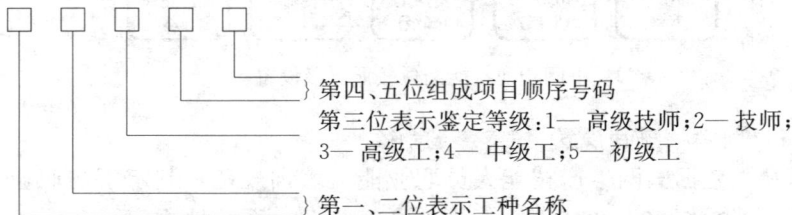

> 第四、五位组成项目顺序号码
> 第三位表示鉴定等级：1—高级技师；2—技师；
> 3—高级工；4—中级工；5—初级工

> 第一、二位表示工种名称

其中第一、二位表示具体工种名称为：DZ—高压线路带电检修工；SX—送电线路工；PX—配电线路工；DL—电力电缆工；BD—变电站值班员；BY—变压器检修工；BJ—变电检修工；SY—电气试验工；JB—继电保护工；JC—用电监察员；CH—抄表核算收费员；ZJ—装表接电工；XJ—电能表修校；BA—变电一次安装工；BR—变电二次安装工；FK—电力负荷控制员；P—农网配电营业工配电范围；Y—农网配电营业工营销范围。

三、使用说明

1. 技能操作项目鉴定实施方法

（1）申请五级（初级工）、四级（中级工）、三级（高级工）技能操作鉴定。学员已参加表中所列的本工种等级技能操作项目培训。

技能操作鉴定项目加权分为 100 分。在本人报考工种等级中，由考评员在本工种等级项目中随机抽取项目进行考核，考核项目数量必须满足各技能操作项目鉴定加权总分≥100 分。其选项过程须在鉴定前完成，一经确定，不得更改。

技能操作鉴定成绩为加权分 70 分及格。技能操作鉴定不及格的考生，可在次年内申请一次补考，由鉴定中心按照上述方法选择项目再次进行鉴定，原技能操作鉴定通过的成绩不予保留。

（2）申请二级（技师）、一级（高级技师）鉴定。申请学员应在获得资格三年后申报高一等级，其技能操作鉴定项目为二级工、一级工项目中，由考评员随机在项目中抽取，技能操作项目数满足鉴定加权总分≥100 分。其选项过程在鉴定前完成，一经确定不得更改。

技能操作鉴定成绩各项为 70 分及格。技能操作鉴定不及格的考生，二级工可在次年内申请一次补考，由鉴定中心按照上述方法选择项目再次参加技能操作鉴定，原技能操作鉴定通过项目成绩不予保留。

申请一级、二级鉴定学员的答辩和业绩考核遵照有关文件规定执行。

2. 评分参考表相关名词解释

（1）含权题分：该项目在被考核人员项目中所占的比例值，如对于考核人员来讲，应达到考核含权分≥100 分，则表示对于含权分为 25 分的考核题，须至少考核 4 题。

（2）行为领域：d—基础技能；e—专业技能；f—相关技能。

（3）题型：A—单项操作；B—多项操作；C—综合操作。

（4）鉴定范围：部分工种存在不同的鉴定范围，如农网配电营业工的初级工和中级工存在配电和营销两个范围。高压带电作业和电力电缆等按照电力行业标准应分为输电和配电范围，但是按照国家电力行业职业技能鉴定标准没有区分范围，因此本规范丛书除了农网配电营业工外对各个操作考核项目没有划分鉴定范围，所以该项大部分为空。

目　　录

序
编制说明

SIM卡、信号强度测试仪的使用

一、施工

（一）设备
信号强度测试仪 PDA、SIM 卡。

（二）安全要求
操作过程中，考评员负责监护，如考生存在可能危及安全的操作，考评员有权终止考评，并取消考生本项考试资格。

（三）步骤及要求
（1）检查 PDA 是否完好无损，是否可正常开机。

（2）测试信号强度及 SIM 卡。

1）开启 PDA，进入信号测试界面，判断信号强度是否符合要求。

2）返回主菜单，进入 SIM 卡通信测试界面，设置正确的测试服务器 IP 和端口。

3）单击"测试"，查看 SIM 卡是否能与主站正常通信。

（四）完工检查
（1）返回主界面并关闭 PDA。

（2）清理工作现场、上交工作记录，报完工后撤离现场。

二、考核

（一）考核场地
考试室内进行，相邻工位应确保距离合适，不应存在影响安全的其他因素。

（二）考核要点
1. 安全

（1）个人安全防护。

（2）安全措施执行。

2. 技能

（1）个人工器具的使用。

（2）仪器设备的使用。

（3）操作规范性。

（4）记录完整性。

（三）考核时间

（1）考试总时间为 30min。

（2）许可开工后即开始计时，满 30min 终止考试。

（3）考试时间内，考生报完工后记录为考试结束时间。

三、评分参考标准

行业：电力工程　　　　　　工种：电力负荷控制员　　　　　　等级：五

编号	FK501	行为领域	e	鉴定范围	
考核时间	30min	题型	A	含权题分	25
试题名称	SIM 卡、信号强度测试仪的使用				
考核要点及其要求	（1）PDA 检查及参数设置； （2）SIM 卡测试及信号强度测试； （3）记录完整正确				
现场设备、工器具、材料	设备：PDA、SIM 卡				
备注					

			评分标准				
序号	作业名称	质量要求	分值	扣分标准	扣分原因	得分
1	着装	需正确佩戴安全帽，穿工作服、绝缘鞋，工作过程中戴手套	10	（1）未穿工作服扣 3 分，工作服未系袖扣、敞怀各扣 1 分，其他每缺一项扣 2 分； （2）工作中脱安全帽及手套各扣 2 分；未正确佩戴安全帽扣 1 分		
2	工器具、材料准备	合理选择并正确使用工器具	10	（1）使用工具不正确每次扣 2 分； （2）选择工具不合理每次扣 1 分		

序号	作业名称	质量要求	分值	扣分标准	扣分原因	得分
				评分标准		
3	PDA 外观检查	检查 PDA 电池及机身是否完好无损，SIM 卡是否正确安装	10	（1）未检查外观及电池完整性的各扣1分；（2）PDA 开机前，未安装 SIM 卡的扣2分；（3）SIM 卡安放不正确导致 SIM 卡烧毁无法使用的扣10分		
4	PDA 开机检查	开启 PDA，检查是否能正常使用	10	未正确操作的扣2分		
5	信号强度测试	正确使用 PDA 的信号强度测试功能	20	（1）功能选择不正确的扣3分；（2）测试结论不正确的扣2分		
6	SIM 卡测试	正确设置参数并进行测试	20	（1）参数设置不正确的，IP 及端口错一项扣2分；（2）测试功能选择操作不正确的扣2分；（3）测试结论不正确的扣2分		
7	安全文明生产	安全文明操作，不损坏工器具，不发生安全事故	20	（1）跌落工具每次扣2分，损坏仪器扣10分；（2）未清理现场、未报完工各扣5分		
考试开始时间				考试结束时间	合计	
考生栏	编号：　姓名：		所在岗位：	单位：	日期：	
考评员栏	成绩：　考评员：			考评组长：		

　　　　终端新装建档、参数下发及召测

一、操作

（一）材料、设备

（1）材料：终端调试记录单、终端建档记录单。

（2）设备：终端运行主站（模拟主站、电脑、营销仿真库、采集仿真库、模拟配电终端及电能表）。

（二）安全要求

（1）严格执行国网公司计算机管理规范要求。

（2）严格按操作权限使用系统工作站。

（三）步骤及要求

（1）进入电力营销业务应用系统（简称营销系统），根据终端调试记录单发起终端新装建档流程。

（2）根据调试记录信息，在流程对应环节中录入终端各项通信参数，发起调试流程至用电信息采集系统（简称采集系统）。

（3）进入采集系统，在待办工作中找到对应工单完成采集系统建档流程。

1）召测终端及电能表时钟，确定时钟正常；

2）根据调试记录单信息选择对应 SIM 卡；

3）核对终端通信参数；

4）设置终端采样参数并召测；

5）设置终端主动上报任务并记录；

6）对终端建档设置进行参数下发并记录；

7）通过终端召测被采电能表实时数据，完成调试并记录；

8）保存调试结果后通知营销系统。

（4）在营销系统流程归档，完成终端新装建档、参数下发及召测。

（四）完工检查

清理工作现场、上交工作记录，报完工后撤离现场。

二、考核

（一）考核场地

考试在室内进行，工位场地不小于 1500mm×1500mm，相邻工位应确保距离合适，不应存在影响安全的其他因素。

（二）考核要点

1. 安全

按照 Q/GDW1799.1—2013《国家电网公司电力安全工作规程 变电部分》要求进行现场安全防护。

2. 技能

（1）操作规范性。

（2）记录完整性。

（三）考核时间

（1）考试总时间为 30min。

（2）许可开工后即开始计时，满 30min 终止考试。

（3）考试时间内，考生报完工后记录为考试结束时间。

三、评分参考标准

行业：电力工程　　　　　工种：电力负荷控制员　　　　　等级：五

编号	FK502	行为领域	e	鉴定范围	
考核时间	30min	题型	A	含权题分	25
试题名称	终端新装建档、参数下发及召测				
考核要点及其要求	（1）终端新装建档系统流程执行正确。 （2）终端建档参数设置、下发及实时数据召测正确。 （3）记录正确、完整				
现场设备、工器具、材料	（1）材料：终端调试记录单（已填写完成的现场调试记录）、终端建档记录单。 （2）设备：终端运行主站（模拟主站、电脑、营销仿真库、采集仿真库、模拟配电终端及电能表）				
备注					
评分标准					

序号	作业名称	质量要求	分值	扣分标准	扣分原因	得分
1	开工许可	申请并经许可后开工	5	未经许可进入工位该项不得分		

					评分标准		
序号	作业名称	质量要求	分值	扣分标准		扣分原因	得分
2	系统流程	执行营销系统采集点设置终端新装流程	20	（1）选择轮换流程，该项不得分； （2）未通知采集系统调试，该项不得分； （3）未完成流程归档扣5分			
3	参数下发及召测	终端通信参数设置正确	20	（1）SIM选择错误扣5分； （2）终端地址设置错误扣10分； （3）前置机设置错误扣10分			
		终端采样参数设置正确	20	（1）被采电能表地址码设置错误扣5分； （2）被采电能表通信规约及波特率设置错误扣10分； （3）终端通信端口设置错误扣5分； （4）未设置交流采样扣5分； （5）测量点类型设置错误扣5分			
		终端主动上报任务设置正确	10	每处漏项扣5分			
		召测时钟及电能表实时数据正确	10	（1）未召测终端及被采电能表时钟扣5分； （2）未成功召测电能表实时数据，该项不得分			
4	记录	正确并完整记录新装建档工作	10	每处漏项或错项扣1分			
5	安全文明生产	安全文明操作，不损坏工器具，不发生安全事故	5	如发生人工跳合闸等危及安全的操作，考生本项考试不及格			
考试开始时间			考试结束时间			合计	
考生栏	编号：	姓名：	所在岗位：		单位：	日期：	
考评员栏	成绩：	考评员：			考评组长：		

FK502附1：采集终端作业现场记录单（相关考核项目均采用该记录单）

采集终端作业现场记录单

<table>
<tr><td colspan="2">客户名称（编号）</td><td colspan="2"></td><td colspan="2">计量点位置</td><td colspan="2"></td><td colspan="2">作业班组</td><td></td></tr>
<tr><td colspan="2">维护人员</td><td colspan="6"></td><td colspan="2">维护日期</td><td></td></tr>
<tr><td>序号</td><td>作业程序</td><td colspan="9">作业要求及检查情况</td></tr>
<tr><td rowspan="3">1</td><td rowspan="3">终端基本
信息录入</td><td>型号</td><td></td><td>区位码/地址码</td><td></td><td>/</td><td></td><td>相线</td><td colspan="2">三相线</td></tr>
<tr><td>编号</td><td></td><td>主站 IP
端口</td><td></td><td></td><td></td><td>SIM 卡号
SIM 串号</td><td colspan="2"></td></tr>
<tr><td>APN</td><td></td><td>RS485 端口</td><td></td><td></td><td></td><td>心跳周期</td><td colspan="2"></td></tr>
<tr><td rowspan="4">2</td><td rowspan="4">电能表
基本信息</td><td rowspan="2">主表</td><td colspan="2">型　　号</td><td></td><td colspan="2">厂　　家</td><td colspan="3"></td></tr>
<tr><td colspan="2">出厂编号</td><td></td><td colspan="2">通信规约/波特率</td><td colspan="3">/</td></tr>
<tr><td rowspan="2">副表</td><td colspan="2">型　　号</td><td></td><td colspan="2">厂　　家</td><td colspan="3"></td></tr>
<tr><td colspan="2">出厂编号</td><td></td><td colspan="2">通信规约/波特率</td><td colspan="3">/</td></tr>
<tr><td rowspan="4">3</td><td rowspan="4">电能
表示数</td><td rowspan="2">主表</td><td>正向</td><td>总：</td><td>峰：</td><td colspan="2">平：</td><td>谷：</td><td colspan="2">无：</td></tr>
<tr><td>反向</td><td>总：</td><td>峰：</td><td colspan="2">平：</td><td>谷：</td><td colspan="2">无：</td></tr>
<tr><td rowspan="2">副表</td><td>正向</td><td>总：</td><td>峰：</td><td colspan="2">平：</td><td>谷：</td><td colspan="2">无：</td></tr>
<tr><td>反向</td><td>总：</td><td>峰：</td><td colspan="2">平：</td><td>谷：</td><td colspan="2">无：</td></tr>
<tr><td rowspan="3">4</td><td rowspan="3">电能表检查</td><td colspan="3">外观</td><td colspan="2"></td><td colspan="2">日历</td><td colspan="2"></td></tr>
<tr><td colspan="3">时钟</td><td colspan="2"></td><td colspan="2">电池状态</td><td colspan="2"></td></tr>
<tr><td colspan="3">异常事件记录</td><td colspan="6"></td></tr>
<tr><td rowspan="4">5</td><td rowspan="4">终端功能和
接线检查</td><td colspan="3">通信信号</td><td colspan="2"></td><td colspan="2">登录主站</td><td colspan="2">成功（　）失败（　）</td></tr>
<tr><td colspan="3">参数设置</td><td colspan="2">正确（　）错误（　）</td><td colspan="2">本地抄表</td><td colspan="2">成功（　）失败（　）</td></tr>
<tr><td colspan="3">电池状态</td><td colspan="2">正常（　）失电压（　）</td><td colspan="2">接　线</td><td colspan="2">正确（　）错误（　）</td></tr>
<tr><td colspan="3">日历时钟</td><td colspan="2">合格（　）超差（　）</td><td colspan="2">控制指示</td><td colspan="2">正确（　）错误（　）</td></tr>
<tr><td>6</td><td>运行情况</td><td colspan="9"></td></tr>
<tr><td rowspan="3">7</td><td rowspan="3">有效加封</td><td colspan="2">电能表小盖封编号</td><td colspan="2">右</td><td colspan="2">终端小盖封编号</td><td></td><td>左</td><td>右</td></tr>
<tr><td colspan="2">互感器端子封编号</td><td colspan="2"></td><td colspan="2">联合接线盒封编号</td><td></td><td>左</td><td>右</td></tr>
<tr><td colspan="2">封钳编号</td><td colspan="2"></td><td colspan="2">计量箱门封编号</td><td></td><td>塑</td><td>铅</td></tr>
<tr><td>8</td><td>客户确认</td><td colspan="2"></td><td colspan="2">营业人员确认</td><td></td><td colspan="3">时间：</td></tr>
<tr><td>9</td><td>备注</td><td colspan="9"></td></tr>
</table>

FK502 附 2：专用变压器采集终端建档记录单（相关考核项目均采用该记录单）

专用变压器采集终端建档记录单

<table>
<tr><td colspan="2">客户名称（编号）</td><td></td><td colspan="2">计量点位置</td><td></td><td>建档人</td><td></td></tr>
<tr><td colspan="3">营销申请编号</td><td></td><td colspan="3">采集流程编号</td><td></td></tr>
<tr><td>序号</td><td colspan="2">作业程序</td><td colspan="6">作业要求及检查情况</td></tr>
<tr><td>1</td><td colspan="2">终端信息</td><td>出厂编号</td><td></td><td colspan="2">区位码/地址码</td><td colspan="2">/</td></tr>
<tr><td rowspan="2">2</td><td colspan="2" rowspan="2">交流采样参数</td><td>测量点</td><td></td><td colspan="2">通信规约</td><td colspan="2"></td></tr>
<tr><td>正向示数</td><td>总：</td><td>峰：</td><td>平：</td><td>谷：</td><td>无：</td></tr>
<tr><td rowspan="4">3</td><td rowspan="4">电能表通信参数</td><td rowspan="2">主表</td><td>测量点</td><td></td><td colspan="2" rowspan="2">通信规约
波特率</td><td colspan="2" rowspan="2"></td></tr>
<tr><td>出厂编号</td><td></td></tr>
<tr><td rowspan="2">副表</td><td>测量点</td><td></td><td colspan="2" rowspan="2">通信规约
波特率</td><td colspan="2" rowspan="2"></td></tr>
<tr><td>出厂编号</td><td></td></tr>
<tr><td rowspan="4">4</td><td rowspan="4">电能表召测</td><td rowspan="2">主表</td><td>日历</td><td></td><td colspan="2">时钟</td><td colspan="2"></td></tr>
<tr><td>正向示数</td><td>总：</td><td>峰：</td><td>平：</td><td>谷：</td><td>无：</td></tr>
<tr><td rowspan="2">副表</td><td>日历</td><td></td><td colspan="2">时钟</td><td colspan="2"></td></tr>
<tr><td>正向示数</td><td>总：</td><td>峰：</td><td>平：</td><td>谷：</td><td>无：</td></tr>
<tr><td rowspan="3">5</td><td colspan="2" rowspan="3">终端功能召测</td><td>日历</td><td></td><td colspan="2">时钟</td><td colspan="2"></td></tr>
<tr><td>远程抄表</td><td>成功（ ）失败（ ）</td><td colspan="2">主动上报</td><td colspan="2">正常（ ）失败（ ）</td></tr>
<tr><td>保电状态</td><td>是（ ）否（ ）</td><td colspan="2">分/合闸状态</td><td colspan="2">分闸（ ）合闸（ ）</td></tr>
<tr><td>6</td><td colspan="2">备注</td><td colspan="6"></td></tr>
</table>

一、操作

(一) 工器具

工器具:万用表(数字/指针按使用习惯选择)、10~50Ω可变电阻器、可变电容器、0~24V交直流电源。

(二) 安全要求

(1) 使用电源时防止短路。

(2) 按照要求着长袖工作服、穿绝缘鞋。

(三) 步骤及要求

1. 使用的基本要求

万用表外形如图 FK503-1 所示。

(1) 在使用万用表之前,应先进行"机械调零",即在没有被测电量时,使万用表指针指在零电压或零电流的位置上。

图 FK503-1　万用表外形

（2）在使用万用表过程中，不能用手去接触表笔的金属部分，一方面可以保证测量的准确，另一方面也可以保证人身安全。

（3）在测量某一电量时，不能在测量的同时换挡，尤其是在测量高电压或大电流时，更应注意。否则，会使万用表毁坏。如需换挡，应先断开表笔，换挡后再去测量。

（4）万用表在使用时，必须水平放置，以免造成误差。同时，还要注意避免外界磁场对万用表的影响。

（5）万用表使用完毕，应将转换开关置于交流电压的最大挡。如果长期不使用，还应将万用表内部的电池取出来，以免电池腐蚀表内其他器件。

2. 电阻挡的使用

（1）选择合适的倍率。在欧姆表测量电阻时，应选适当的倍率，使指针指示在中值附近。最好不使用刻度左边 1/3 的部分，这部分刻度密集很差。

（2）使用前要调零。

（3）不能带电测量。

（4）被测电阻不能有并联支路。

（5）测量晶体管、电解电容等有极性元件的等效电阻时，必须注意两支笔的极性。

（6）用万用表不同倍率的欧姆挡测量非线性元件的等效电阻时，测出电阻值是不相同的。这是由于各挡位的中值电阻和满度电流各不相同所造成的，机械表中，一般倍率越小，测出的阻值越小。

3. 直流电压测量

（1）将量程开关转至相应的 DCV 量程；

（2）将测试表笔跨接在被测电路；

（3）表头的读数即红表笔所接的该点电压大小。

4. 交流电压测量

（1）将量程开关转至相应的 ACV 量程；

（2）将测试表笔跨接在被测电路；

（3）表头的读数即表笔所接的两点电压大小。

5. 直流电流测量

（1）将量程开关转至相应的 DCA 挡位；

（2）将仪表串入被测电路；

（3）表头的读数即电流大小。

6. 交流电流测量

（1）将量程开关转至相应的 ACA 挡位；

（2）将仪表串入被测电路；

（3）表头的读数即电流大小。

7．电容测量

（1）将量程开关转到相应的电容量程；

（2）将测试表笔跨接在被测电容两端进行测量，必要时注意极性；

（3）表头的读数即电容大小。

8．二极管及通断测试

将量程开关置电阻挡。将红表接二极管正极，黑表笔接二极管负极。如测线路的通断时，将表笔连接在待测线路的两端，如蜂鸣器响则电路通，反之电路断开。

9．三极管放大倍数测量

将量程开关置于 hFE 挡，决定所测晶体管为 NPN 型或 PNP 型，将发射极、基极、集电极分别插入相应的孔里。

二、考核

（一）考核场地

考试在室内进行，相邻工位确保距离合适，相互之间不存在影响安全和操作的因素。

（二）考核要点

（1）正确选用万用表及合适的量程。

（2）规范连接测量回路。

（3）正确读数并记录。

（三）考核时间

（1）考核时间为 20min，从了解题目后，许可后开始起计时。

（2）现场清理完毕后，汇报工作终结，记录考核结束时间。

三、评分参考标准

行业：电力工程　　　　　　工种：电力负荷控制员　　　　　　等级：五

编号	FK503	行为领域	e	鉴定范围	
考核时间	20min	题型	A	含权题分	15
试题名称	万用表的使用				
考核要点及其要求	（1）正确选用万用表及合适的量程； （2）规范连接测量回路； （3）正确读数并记录				

続表

现场设备、工具、材料	万用表（数字/指针按使用习惯可选）、10～50Ω可变电阻器、可变电容器、0～24V交直流电源					
备注						

评分标准

序号	作业名称	质量要求	分值	扣分标准	扣分原因	得分
1	着装	穿棉质工作服，戴线手套	5	（1）未穿工作服扣3分，工作服未系袖扣、敞怀各扣1分，其他每缺一项扣2分；（2）工作中脱手套各扣2分		
2	选择仪表	正确完整	15	（1）缺模块不能形成完整电路扣15分；（2）每缺一元件扣5分		
3	电阻的测量	（1）量程合理；（2）挡位正确；（3）接线规范；（4）读数正确；（5）次序安全、合理	15	（1）挡位不正确扣15分；（2）量程不合理扣10分；（3）接线错误扣15分；（4）读数错误扣10分；（5）工作中造成仪器损坏，全部测量项目不得分		
4	电压的测量		15			
5	电流的测量		15			
6	电容的测量		15			
7	晶体管的测量		15			
8	安全文明生产	工作环境整洁	5	现场未清理扣5分		
考试开始时间			考试结束时间		合计	
考生栏	编号：　姓名：　所在岗位：　单位：　日期：					
考评员栏	成绩：　考评员：　考评组长：					

FK504 　绝缘电阻表的使用

一、操作

（一）工器具、材料、设备

（1）工器具：验电器、短路接地线 1 组、500V 绝缘电阻表 1 块、1000V 绝缘电阻表 1 块、2500V 绝缘电阻表 1 块（见图 FK504-1）、测试线 3 根、放电棒 1 支、屏蔽环 2 个、遮栏 2 套、安全标示牌 2 块、安全标示牌 1 块、温度计 1 支、湿度计 1 支、秒表 1 块。

（2）材料：干净的布或棉纱若干。

（3）设备：低压线路、低压电动机、低压单芯绝缘电力电缆。

（二）安全要求

（1）严禁对带电设备进行测量。

（2）工作服、安全帽、手套整洁完好、符合相关要求，工器具绝缘良好，整齐完备。

（3）户外试验应在良好的天气进行，且空气相对湿度一般不高于 80％；室内还应具备充足照明和良好通风条件。

（4）现场设置必要的遮栏、安全标示牌。

（5）正确选择和使用绝缘电阻表，严防人身触电及损坏仪表。

图 FK504-1　ZC25-3 型
绝缘电阻表

（三）步骤及要求

1. 操作步骤

（1）履行开工手续，口头交代危险点和防范措施。

（2）按给定的条件选取工器具，检查外观、绝缘良好。

（3）查看绝缘电阻表校准合格证，检查其合格完好。

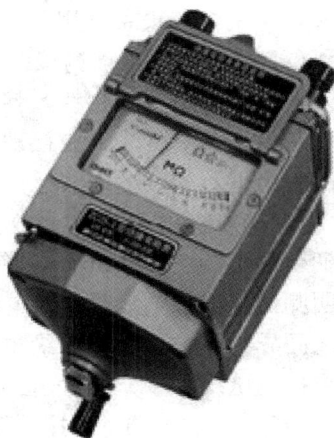

（4）对被试电气设备停电，验电并立即挂接地线，设置安全遮栏，在作业人员出入口处挂"从此进出"标示牌，在遮栏四周向外挂"止步，高压危险"标示牌。

（5）对被试电气设备充分放电接地（2～3min）后，将其从系统中退出，擦拭干净。

（6）绝缘电阻表与被试电气设备间接线正确，正确完成绝缘电阻测试项目。

（7）绝缘电阻表指针稳定后，读数并记录，同时记录试验环境温度和湿度。

（8）测试完毕，对被试设备充分放电、接地，再拆除相关测试线。

（9）正确判断测试结果。

（10）清理工作现场，办理工作终结手续。

2. 使用注意事项

（1）绝缘电阻表俗称摇表，按工作电压分 500、1000、2500、5000V 等规格。1kV 以下的电气设备选用 500V 或 1000V 绝缘电阻表。

（2）绝缘电阻表摇测接线如图 FK504－2 所示，有三个接线端子：标有 L 的端子，即线路端子也称相线，接于被试设备的导体上；标有 E 的端子，即地端子，接于被试设备的外壳上或接地；标有 G 的端子，即屏蔽端子，接于测量时需要屏蔽的电极上。

（3）将绝缘电阻表水平放置，指针应在刻度盘中摆动。未接上被试设备前摇动手柄至额定转速 120r/min，绝缘电阻表指针应指向∞位置。若指针达不到∞位置，说明测试线绝缘不良或绝缘电阻表本身受潮，可用干净的布或棉纱擦拭 L、E 两端子之间异物，必要时将绝缘电阻表放置在绝缘垫上，若空摇还达不到∞位置，则应更换测试线。

（4）将 L、E 端子短接，缓慢摇动手柄，绝缘电阻表指针应指向 0 位置。若不指向 0 位置，说明测试线未接好或绝缘电阻表本身有故障，应修理后再使用。

（5）测试线应选用绝缘良好的多股软铜线，L、E 两端子引出的测试线应独立分开、悬空，避免缠绕在一起，不要随意搁置在设备外壳上。

（6）测试前，先将 E 端子测试线与被试设备外壳及地连接，待转动摇柄至额定转速 120r/min 后，再将 L 端子测试线与被测设备的测试极碰接。绝缘电阻表指针稳定后（60s 后）读数并记录。摇测绝缘过程中，应使绝缘电阻表保持 120r/min 的均匀转速。

（7）测试读数结束后，应先将 L 端子测试线与被测设备的测试极分开，再停止转动摇柄，以防被试设备电容电压反击损坏绝缘电阻表。

（8）摇测绝缘过程中若发现指针指零，说明被试设备存在短路故障，不能再继续摇测，以免损坏绝缘电阻表。

（9）被试设备表面污秽，或环境湿度大于 80%，可将 G 端子测试线接于被试设备表面层（屏蔽环）上，以旁路表面泄漏电流引起的测量误差。

（10）测试结束，绝缘电阻表停止转动，对被试设备放电并接地后，再拆除 G、E 端子测试线。

（11）如图 FK504-2 所示为低压线路、低压电动机、低压单芯绝缘电力电缆绝缘摇测接线图，以及屏蔽线连接的示意图。

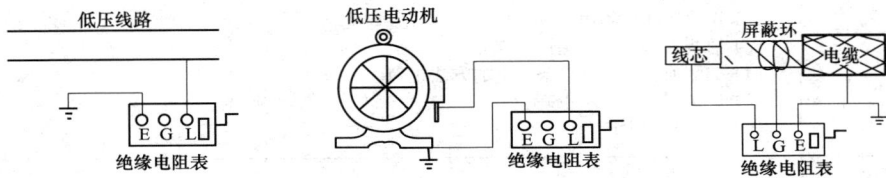

图 FK504-2　绝缘电阻表摇测接线和屏蔽线连接

（12）根据摇测结果，正确记录绝缘电阻表读数，以 60s 绝缘电阻表读数作为被试设备的绝缘电阻。

（13）1kV 及以下电气设备一般不小于 10MΩ。

二、考核

（一）考核场地

（1）场地面积应能同时容纳多个工位，并保证工位之间的距离合适，每个工位操作面积不小于 1500mm×1500mm。

（2）每个工位备有桌椅、计算器。

（3）室内场地有照明、通风及空调设施。

（二）考核时间

参考时间为 20min。选用工器具时间限定 5min 内，不计入考核时间。

（三）考核要点

（1）正确选择摇测用工具、仪表。

（2）摇测方法正确，测试步骤完整。

（3）摇测前后对被试设备放电的方法正确。

（4）记录完整，判断正确。

（5）安全文明生产。

三、评分参考标准

行业：电力工程　　　　　　工种：电力负荷控制员　　　　　　等级：五

编号	FK504	行为领域	e	鉴定范围	
考核时间	20min	题型	A	含权题分	20
任务描述	绝缘电阻表的使用				
考核要点及其要求	（1）给定条件：现场摇测低压线路、低压电动机、低压单芯绝缘电力电缆绝缘电阻，试验环境满足规程要求。 （2）正确选择摇测用工具、仪表。 （3）摇测方法正确，测试步骤完整。 （4）摇测前后对被试设备放电的方法正确。 （5）记录完整，判断正确。 （6）安全文明生产				
现场设备、工器具、材料	（1）工器具：验电器、短路接地线1组、500V绝缘电阻表1块、1000V绝缘电阻表1块、2500V绝缘电阻表1块、测试线3根、放电棒1支、屏蔽环2个、遮栏2套、安全标示牌2块、安全标示牌1块、温度计1支、湿度计1支、秒表1块。 （2）材料：干净的布或棉纱若干。 （3）设备：低压线路、低压电动机、低压单芯绝缘电力电缆。 （4）考生自备工作服、安全帽、绝缘鞋、常用电工工具、文具				
备注					

评分标准

序号	作业名称	质量要求	分值	扣分标准	扣分原因	得分
1	开工准备	（1）着工装、穿绝缘鞋，戴安全帽、带棉线手套。 （2）正确填写工作票，履行开工手续	5	（1）未按要求着装扣2分； （2）未履行开工手续扣3分		
2	绝缘电阻表选用与检查	（1）选用500V绝缘电阻表。 （2）检查绝缘电阻表外观、合格证。 （3）L、E端子开路，缓慢摇动手柄，绝缘电阻表指针应指向∞位置；L、E端子短接，缓慢摇动手柄，绝缘电阻表指针应指向0位置	10	（1）选择错误扣5分； （2）未检查或检查方法错误扣5分		
3	停用被试设备	对被试设备停电、验电、挂接地线，并充分放电	10	（1）未履行停用步骤扣5分； （2）未进行放电或方法错误扣5分		

		评分标准				
序号	作业名称	质量要求	分值	扣分标准	扣分原因	得分
4	设置遮栏	被试设备两端周围设置安全遮栏，在作业人员出入口处挂"从此进出"标示牌，在遮栏四周向外挂"止步，高压危险"标示牌	5	（1）未设置遮栏扣5分； （2）缺少标示牌扣2分； （3）缺少标示牌扣3分		
5	摇测前准备	（1）电气设备退出系统，检查外观状况，将线芯与其他附件完全分开，擦拭干净。 （2）确定每相线芯对绝缘层及地等摇测项目	10	（1）未检查说明设备外观扣2分； （2）未擦拭干净扣3分； （3）被试线芯未完全分开扣3分； （4）未说明摇测项目或不全扣2分		
6	正确接线	按图FK504-2所示低压线路、低压电动机、低压单芯绝缘电力电缆绝缘电阻摇测接线图，可靠连接	15	连接错误，每项扣5分		
7	摇测绝缘电阻	（1）摇测前，先将E、G端子测试线与被试设备可靠连接，待转动摇柄至额定转速120r/min后，再将L端子测试线与被测设备的测试极碰接。 （2）测试读数结束后，先将L端子测试线与被测设备的测试极分开，再停止转动摇柄。 （3）将被试设备接地，放电1min以上，再拆除G、E端子测试线	20	（1）摇测绝缘电阻时搭接、拆除步骤错误扣10分； （2）摇柄转速高低波动，扣5分； （3）未进行放电或方法错误扣5分		
8	摇测记录	绝缘电阻表保持120r/min的均匀转速时，指针稳定后读取并记录（60s）绝缘电阻表读数	10	（1）未达转速扣5分； （2）读数时间错误扣2分； （3）读数不全或错误扣3分		
9	结论	判断低压线路、低压电动机、低压单芯绝缘电力电缆摇测结论正确	10	（1）缺一个结论扣5分； （2）结论错误一个扣5分		

续表

		评分标准				
序号	作业名称	质量要求	分值	扣分标准	扣分原因	得分
10	清理现场	清理现场，恢复原状，退出考核场地	5	（1）未清理扣5分； （2）清理不彻底扣2分		
考试开始时间			考试结束时间		合计	
考生栏	编号：	姓名：	所在岗位：	单位：	日期：	
考评员栏	成绩：	考评员：		考评组长：		

数字双钳相位伏安表的使用

一、操作

（一）工器具、材料、设备

（1）工器具：手持式数字双钳相位伏安表、数字万用表、电筒、登高工具。

（2）材料：一次性铅封、尼龙绑扎带、错误接线检查及分析记录单。

（3）设备：客户运行中低压电能计量装置或高低压电能表接线智能模拟装置。

（二）安全要求

1. 使用前的检查

（1）相位伏安表是在不断开被测电路情况下用来测量交流电压、交流电流及两个同频率交流量间相位角的仪表，并以此判定电能计量装置接线等电气设备安装的正确性。如图 FK505-1 所示即为数字双钳相位伏安表。除仪表本身外，还包括两把电流钳、两对电流测试线、两对电压测试线。

图 FK505-1　数字双钳相位伏安表

　　（2）测试前检查仪表在使用有效期内，用万用表检查测试线的导电和绝缘性能。按下仪表电源开关接通工作电源，将转换开关切换到电池电压检测挡，预热 3～5min。若电池电压低于 7.5V，显示器右端出现电池符号 ⊟ ，则此时仪表的读数误差较大，建议更换电池后再继续使用。

（3）测量线路不同交流量时，首先选择不同的挡位和量程，如果不知交流量的大小，应先选择大量程，然后根据被测示值，转换到合适的挡位。转换挡位时，应在不带电的情况下进行，以免损坏仪表。接好测试线后，再按下仪表的电源开关。

2. 使用时的注意事项

（1）在测量交流电流或交流电压时，严禁插拔仪表上电流端子、电压端子的电流、电压测试线，以免出现电流互感器二次回路开路和电压互感器二次回路短路情况，危及设备和人身安全。

（2）在使用相位表期间，不能直接用手触碰表笔的裸露部分或带电部分。测量时应站在绝缘垫上，并且注意保持与带电体间的距离，以免发生触电危险。

（3）在使用相位表测量交流电流或相位时，为保证测量准确，钳口在闭合时应紧密。合钳后若有杂音，可打开钳口重合一次。若杂音不能消除，则应检查并清除钳口处的尘污和锈蚀。钳臂弹簧损坏时应及时更换，以保证闭合良好。

（4）仪表每一路只能接入一个信号，如果接入电压信号，应将电流插头拔去。仪表电流卡钳具有专用性，每台仪表的电流卡钳号只与本台仪表对应电流端子配用，不可与另一台仪表调用。

（5）测量电压不得高于 500V。

（6）使用后应及时关闭仪表电源，长时间不用应取出电池。

（三）步骤及要求

（1）交流电压的测量。如图 FK505－2（a）所示，根据所测电压大小，将仪表旋转开关旋至 U1 或 U2 挡中 500V 或 200V 量程，两根电压测试线按所标红黑颜色对应插入仪表电压端 U1 或 U2，另一端与所测线路接触，此时仪表示数即为所测电压值。

（2）交流电流的测量。如图 FK505－2（b）所示，根据所测电流大小，将仪表旋转开关旋至 I1 或 I2 挡中 10A 或 2A 量程，选取标号 I1 或 I2 电流钳插头一端对应插入仪表电流端 I1 或 I2，所测线路置于电流钳钳孔中心，此时仪表示数即为所测电流值。

（3）相位的测量。

1）相位满度校准。如图 FK505－2（c）所示，测量交流量间的相位前，按下仪表电源开关，将旋转开关旋至"360°校"挡位，调节"360°校准电位器"，使仪表显示 360°。

2）测量两路电压间相位。仪表旋转开关旋至 Φ 挡，将被测两路电压分别通过两个测量电压用的四个表笔输入到仪表的电压端 U1 和 U2，此时表笔接入有极性要求，左输入端（红端）应接入被测线路假定电压正方向的高端。此时仪表显示值为 U_1 超前 U_2 的相位角。

3）测量两路电流间相位。仪表旋转开关旋至 Φ 挡，将被测两路电流分别通过两个测量电流的电流钳 I1、I2 输入到仪表电流端 I1 和 I2，此时电流钳接入有极性要求，被测线路电流假设正方向从电流钳 * 端（红点）流入。此时仪表显示值为 I_1 超前 I_2 的相位角。

4）测量电压与电流间相位。如图 FK505 - 2（d）所示，仪表旋转开关旋至"Φ"挡，将被测电压从 U1 端输入，被测电流从 I2 端输入（或电压从 U2 端输入，电流从 I1 端输入），此时两根电压表笔和电流钳接入均有极性要求，左输入端（红端）应接入被测线路假定电压正方向的高端，被测线路电流假设正方向从电流钳 * 端（红点）流入。此时仪表显示值为仪表第 Ⅰ 路输入端超前第 Ⅱ 路输入端的相位角。即当被测电压从 U1 端输入、被测电流从 I2 端输入时，显示相位为被测电压超前被测电流的角度；当被测电压从 U2 端输入、被测电流从 I1 端输入时，显示相位为被测电流超前被测电压的角度。

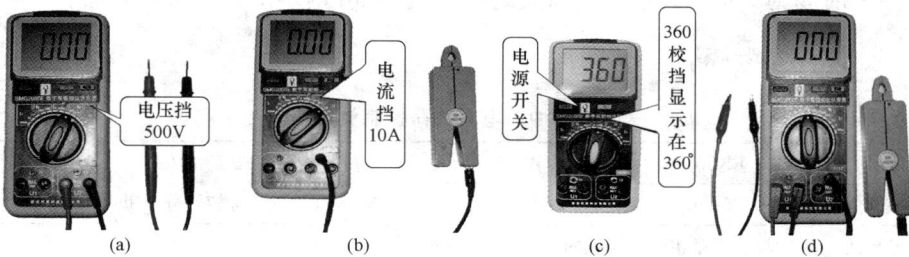

图 FK505 - 2　相位伏安表使用

（a）交流电压的测量；（b）交流电流的测量；（c）相位满度校准；（d）电压与电流间相位的测量

（4）三相电压相序的测量。仪表旋转开关旋至 Φ 挡，将被测电压 U_{UV} 或 U_{U0} 从仪表电压端 U1 输入，被测电压 U_{VW} 或 U_{V0} 从仪表电压端 U2 输入，此时表笔接入有极性要求。若读数为 120°，则三相电压为正相序；若读数为 240°，则三相电压为逆相序。

（5）电路性质的判别。仪表旋转开关旋至 Φ 挡，将被测电压从 U1 端输入，被测电流从 I2 端输入，此时两根电压表笔和电流钳接入均有极性要求，若读数为小于 90°角度，则电路呈感性；若读数为大于 270°角度，则电路呈容性。

（四）三相电能表接线正确性判断

（1）低压三相四线有功电能表。设定感性负荷条件下，若所测 U_{U0} 超前 I_U 角度、U_{V0} 超前 I_V 角度、U_{W0} 超前 I_W 角度均小于 90°，则接线正确。

（2）三相两元件有功电能表。设 U_{UV} 超前 I_U 的角度为 Φ_1，U_{WV} 超前 I_W 的角度为 Φ_2，当 $\Phi_2-\Phi_1=\pm300°$ 时，接线正确。

二、考核

（一）考核场地

（1）场地面积应能同时容纳多个工位（操作台），并保证工位之间的距离合适，操作面积不小于 1500mm×1500mm。

（2）每个工位备有桌椅、计时器。

（二）考核要点

（1）正确选择工具、仪表。

（2）测试方法正确、步骤完整。

（3）记录完整，分析记录单填写正确，判断正确。

（4）安全文明生产。

（三）考核时间

参考时间为 20min。选用工器具时间限定 5min 内，不计入考核时间。

三、评分参考标准

行业：电力工程　　　　　　工种：电力负荷控制员　　　　　　等级：五

编号	FK505	行为领域	e	鉴定范围	
考核时间	20min	题型	A	含权题分	20
任务描述	数字双钳相位伏安表的使用				
考核要点及其要求	（1）给定条件：在模拟柜上进行三相电能计量装置接线检查。分别进行交流电压的测量、交流电流的测量、两路电压间相位测量、两路电流间相位测量、电压与电流间相位测量、三相电压相序的测量，根据结果做出判断。测量前已经办理了第二种工作票，现场已布置好安全措施。 （2）正确选择工具、仪表。 （3）测试方法正确、步骤完整。 （4）记录完整，分析记录单填写正确，判断正确。 （5）安全文明生产				
现场设备、工器具、材料	（1）工器具：手持式数字双钳相位伏安表、数字万用表、电筒、登高工具。 （2）材料：一次性铅封、尼龙绑扎带、错误接线检查及分析记录单。 （3）设备：客户运行中低压电能计量装置或高低压电能表接线智能模拟装置。 （4）考生自备工作服、安全帽、绝缘鞋、常用电工工具、文具				
备注	引发跳闸事故的立即停止操作，本次考核项目不得分				

		评分标准				
序号	作业名称	质量要求	分值	扣分标准	扣分原因	得分
1	开工准备	（1）着工装、穿绝缘鞋，戴安全帽、带棉线手套。 （2）正确填写工作票，履行开工手续	4	（1）未按要求着装扣2分； （2）未履行开工手续扣2分		
2	仪表选用与检查	（1）选用相位伏安表，检查其外观、合格证。 （2）检查电池电压、相位满度校准，电流钳、测试线完好齐备	10	（1）选择错误扣5分； （2）未检查或检查方法错误扣5分		
3	摇测前准备	（1）用三步验电法对设备验电，验电时不应戴手套。 （2）填写记录单上的基本信息	10	（1）未验电扣5分； （2）验电方法不对扣2分； （3）信息未填或不全扣3分		
4	电压的测量	挡位量程选择正确，接线正确，读数保留整数位	8	（1）挡位量程不正确扣3分； （2）接线不对扣3分； （3）读数不正确扣2分		
5	电流的测量	挡位量程选择正确，电流钳与仪表电流端对应，接线正确，读数保留小数点后两位	8	（1）挡位量程不正确扣3分； （2）接线不对扣3分； （3）读数不正确扣2分		
6	两路电压间相位测量	挡位量程选择正确，接线正确，读数保留整数位	10	（1）挡位量程不正确扣3分； （2）接线不对扣5分； （3）读数不正确扣2分		
7	两路电流间相位测量	挡位量程选择正确，电流钳与仪表电流端对应，接线正确，读数保留整数位	10	（1）挡位量程不正确扣3分； （2）接线不对扣5分； （3）读数不正确扣2分		
8	电压与电流间相位测量	挡位量程选择正确，电流钳与仪表电流端对应，接线正确，读数保留整数位	10	（1）挡位量程不正确扣3分； （2）接线不对扣5分； （3）读数不正确扣2分		

		评分标准				
序号	作业名称	质量要求	分值	扣分标准	扣分原因	得分
9	相序的测量	挡位量程选择正确，接线正确，读数保留整数位	10	(1) 挡位量程不正确扣3分； (2) 接线不对扣5分； (3) 读数不正确扣2分		
10	电路性质判别	挡位量程选择正确，接线正确，读数保留整数位	10	(1) 挡位量程不正确扣3分； (2) 接线不对扣5分； (3) 读数不正确扣2分		
11	填写试验报告	试验报告填写完整，结论判断正确	8	(1) 报告不整洁、完整，扣3分； (2) 结论错误，扣5分		
12	清理现场	清理现场，恢复原状，上交记录书	2	未清理扣2分		
考试开始时间			考试结束时间		合计	
考生栏		编号： 姓名：		所在岗位： 单位：		日期：
考评员栏		成绩： 考评员：			考评组长：	

FK505 附：三相电能计量装置错误接线检查及分析记录单

三相电能计量装置错误接线检查及分析记录单

日期　　年　月　日

考生姓名			考生编号			
一、基 本 信 息						
用户名		用户号		所属供电单位		
表计型号		生产厂家				
出厂编号		规格	V； A	表示数		kWh
二、测 量 数 据						
电压的测量						
电流的测量						
两路电压间相位测量						
两路电流间相位测量						
电压与电流间相位测量						
相序的测量				结论		
电路性质判别				结论		

一、操作

(一) 工器具、材料、设备

(1) 工器具：电工个人组合工具1套、"施工现场禁止通行"标示牌1块、绝缘垫1张。

(2) 材料：$2 \times 0.5 \text{mm}^2$ RS485线100m、2.5mm^2 铜芯线100m、绝缘胶布1卷、一次性铅封10根、记录工单3张。

(3) 设备：Ⅰ型485通信GPRS（或CDMA）集中器1台、Ⅰ型485通信采集器1台、外置天线1根、通电运行的电能表3只、SIM卡2张。

(二) 安全要求

(1) 现场设安全防护围栏以及"施工现场禁止通行"标示牌，操作台下敷设绝缘垫。

(2) 考生需穿工作服、绝缘鞋，戴安全帽，口述安全措施且由考评员许可后开工。

(3) 操作过程中，考评员负责监护，如考生存在可能危及安全的操作，考评员有权终止考评，并取消考生本项考试资格。

(三) 步骤及要求

(1) 使用合理的工器具、材料安装集中器（485通信）和采集器，确保接线正确，集中器主接线端子见图 FK506-1。

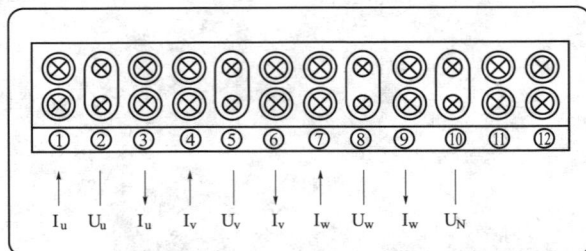

图 FK506-1 集中器主接线端子示意图

（2）正确安装集中器的天线和 SIM 卡，确保远程通信信号良好。

（3）用 RS485 线连接集中器（485 通信）、采集器和通电运行的电能表，按照 485 端口 A 和 A 相连、B 和 B 相连的原则进行接线，保证 485 线接线正确，确保本地通信信号良好，集中器辅助接线端子见图 FK506-2，RS485Ⅰ为集中器与采集器或电能表的抄表 485 接口。

```
                        正  正      公
      +  -  +  -  +  -  +  -  有  无  秒  共  A  B  A  B  A  B
     ⑬ ⑭ ⑮ ⑯ ⑰ ⑱ ⑲ ⑳ ㉑ ㉒ ㉓ ㉔ ㉕ ㉖ ㉗ ㉘ ㉙ ㉚
     遥信1  遥信2  4~20mA  12V  脉冲    输出  RS485Ⅲ  RS485Ⅱ  RS485Ⅰ
```

图 FK506-2 集中器辅助接线端子示意图

（4）准确记录集中器（485 通信）、采集器和电能表等信息，确保公用变压器采集终端建档时资料齐全。

（四）完工检查

（1）检查集中器（485 通信）、采集器和电能表接线。

（2）对电能表、集中器（485 通信）和采集器等计量装置进行加封。

（3）清理工作现场并将工器具归位摆好，上交记录工单，记录工单格式见表 FK506-1，报完工后撤离现场。

表 FK506-1　　　　　　　　　**台区集抄信息记录工单**

台区信息				
供电单位	管理部门	线路名称	台区名称	台区编号
SIM 卡信息				
通信服务商	电话号码	SIM 卡号	IP 地址	信号强弱
集中器信息				
生产厂家	出厂编号	终端类型	终端型号	终端地址
采集器信息				
生产厂家	出厂编号	出厂年份	终端型号	通信规约
电能表信息				
生产厂家	型号	出厂编号	通信规约	对应采集器编号

二、考核

（一）考核场地

（1）考试在室内进行，每个工位场地面积要求为长、宽各 2m，相邻工位应确保距离合适，不应存在影响安全的其他因素。

（2）考试场地应具备满足终端设备通信的无线公网。

（3）设置评判桌椅、计时秒表和计算器。

（二）考核要点

1. 安全

（1）个人安全防护用品使用。

（2）安全措施执行情况。

2. 技能

（1）个人工器具的使用。

（2）集中器（485 通信）和采集器的安装接线。

（3）集中器天线和 SIM 卡的安装。

（4）集中器（485 通信）、采集器和电能表的 485 线接线工艺。

（5）公用变压器采集终端建档资料记录完整性。

（三）考核时间

（1）考试总时间为 45min。

（2）许可开工后即开始计时，满 45min 终止考试。

（3）考试时间内，考生报完工后记录为考试结束时间。

三、评分参考标准

行业：电力工程　　　　　　　工种：电力负荷控制员　　　　　　　等级：五

编号	FK506	行为领域	e	鉴定范围	
考核时间	45min	题型	B	含权题分	35
试题名称	485 方式公用变压器采集终端及电能计量装置的安装				
考核要点及其要求	（1）个人安全防护用品和工器具的使用。 （2）集中器（485 通信）和采集器的安装接线。 （3）集中器天线和 SIM 卡的安装。 （4）集中器（485 通信）、采集器和电能表的 485 线接线工艺。 （5）公用变压器采集终端建档资料记录完整性				

现场设备、工器具、材料	(1) 工器具：电工个人组合工具 1 套、"施工现场禁止通行"标示牌 1 块、绝缘垫 1 张。 (2) 材料：2×0.5mm² RS485 线 100m、2.5mm² 铜芯线 100m、绝缘胶布 1 卷、一次性铅封 10 根、记录工单。 (3) 设备：Ⅰ型 485 通信 GPRS（或 CDMA）集中器 485 通信Ⅰ型 1 台、Ⅰ型 485 通信采集器 1 台、外置天线 1 根、通电运行的电能表 3 只、SIM 卡 2 张		
备注			

评分标准

序号	作业名称	质量要求	分值	扣分标准	扣分原因	得分
1	着装	需正确佩戴安全帽，穿工作服、绝缘鞋	5	（1）未穿工作服扣 3 分，工作服未系袖扣、敞怀各扣 1 分，其他每缺一项扣 2 分； （2）工作中脱安全帽扣 2 分； （3）未正确佩戴安全帽扣 1 分		
2	开工许可	口述安全措施并经许可后开工	5	（1）未口述安全措施扣 5 分，安全措施不完备扣 1～2 分； （2）未经许可进入工位该项不得分		
3	工器具使用	合理选择并正确使用工器具	5	（1）选择工器具不合理，每次扣 2 分； （2）使用工器具不正确，每次扣 1 分		
4	集中器（485 通信）和采集器安装	集中器（485 通信）安装接线正确	10	（1）集中器（485 通信）安装接线按规范要求执行； （2）集中器（485 通信）电源接线错误或只接入一相电压扣 10 分，使用 485 线替代 2.5mm² 铜芯线当电源线扣 5 分，其他错误每处扣 1 分		
		采集器安装接线正确	10	（1）采集器安装接线按规范要求执行； （2）采集器电源接线错误扣 10 分，使用 485 线替代 2.5mm² 铜芯线当电源线扣 5 分，接线松动脱落每处扣 1 分		

		评分标准				
序号	作业名称	质量要求	分值	扣分标准	扣分原因	得分
4	集中器（485 通信）和采集器安装	集中器天线和 SIM 卡的正确安装	5	（1）根据集中器类型正确选择安装 SIM 卡，选型错误扣 3 分，安装错误扣 2 分； （2）天线未安装牢固导致信号较弱扣 2 分		
5	集中器（485 通信）、采集器和电能表通信接线	用 RS485 线连接采集器和电能表的 485 通信端口	5	（1）未正确选用 RS485 线扣 2 分； （2）A、B 端口接线错误扣 3 分		
		用 RS485 线连接集中器（485 通信）和采集器的 485 通信端口	5	（1）未正确选用 RS485 线扣 2 分； （2）A、B 端口接线错误扣 3 分		
6	公用变压器采集终端建档资料收集记录	记录公用变压器台区资料信息	2	正确记录公用变压器台区名称和台区编号信息，每错误一处扣 1 分		
		记录集中器（485 通信）资料信息	5	正确记录集中器（485 通信）生产厂家、出厂编号、终端类型（GPRS/CDMA）、终端型号、终端地址等信息，每错误一处扣 1 分		
		正确抄录采集器信息以及对应电能表相关信息	5	（1）正确记录电能表生产厂家、出厂编号（表地址）、通信规约等信息，每错误一处扣 1 分； （2）正确记录采集器生产厂家、出厂编号（通信地址）信息，每错误一处扣 1 分		
		正确抄录 SIM 卡信息	3	正确记录 SIM 卡卡号（ICCID 号）、电话号码和对应运营商等信息，每错误一处扣 1 分		
7	完工检查	集中器（485 通信）、采集器和电能表接线检查	10	（1）集中器（485 通信）、采集器电源接线检查，未检查接线扣 4 分，漏查每处扣 2 分； （2）集中器（485 通信）、采集器和电能表通信接线检查，未检查扣 6 分，漏查每处扣 2 分； （3）确保集中器（485 通信）、采集器通电正常，电源指示灯亮，任一设备电源指示灯不亮扣 2 分		

				评分标准			
序号	作业名称	质量要求	分值	扣分标准		扣分原因	得分
7	完工检查	集中器（485 通信）、采集器和电能表加封	10	（1）集中器（485 通信）、采集器未加封扣 4 分，漏封每处扣 2 分； （2）电能表未加封扣 6 分，漏封每处扣 2 分			
8	安 全 文 明 生产	安全文明操作，不损坏工器具，不发生安全事故	15	（1）损坏设备仪器扣 5 分，跌落工器具每次扣 2 分； （2）未清理现场、未报完工各扣 5 分； （3）如发生安全事故，考生本项考试不及格			
考试开始时间				考试结束时间		合计	
考生栏	编号：	姓名：		所在岗位：	单位：	日期：	
考评员栏	成绩：	考评员：			考评组长：		

FK507　采集终端的识读

一、操作

（一）工器具、材料、设备

（1）工器具：一字螺钉旋具1把、十字螺钉旋具1把、施工现场禁止通行标示牌1块、绝缘垫1张。

（2）材料：记录工单3张。

（3）设备：通电运行Ⅰ型GPRS（或CDMA）集中器1台、外置天线1根、SIM卡2张。

（二）安全要求

（1）现场设安全防护围栏以及"施工现场禁止通行"标示牌，操作台下敷设绝缘垫。

（2）考生需穿工作服、绝缘鞋，戴安全帽，口述安全措施且由考评员许可后开工。

（3）操作过程中，考评员负责监护，如考生存在可能危及安全的操作，考评员有权终止考评，并取消考生本项考试资格。

（三）步骤及要求

（1）对采集终端（集中器）外观结构进行识别并描述各个部件的功能（集中器外观结构如图FK507-1所示）。

1）液晶屏：用于显示集中器的运行状态、设置参数及数据信息等。

2）操作按键：用于查看、设置、修改、删除集中器参数及数据信息等。

3）GPRS模块：用于集中器与采集主站的上行通信功能。

4）载波模块：用于集中器与采集器或电能表的下行通信功能。

5）光通信口：用于集中器与手持调试掌机的红外通信功能。

6）RS232通信口：用于集中器与笔记本电脑的串口通信功能。

7）USB接口：用于集中器与笔记本电脑、U盘的USB通信功能。

（2）对采集终端（集中器）外部指示信号进行判别并描述不同信号所代表的

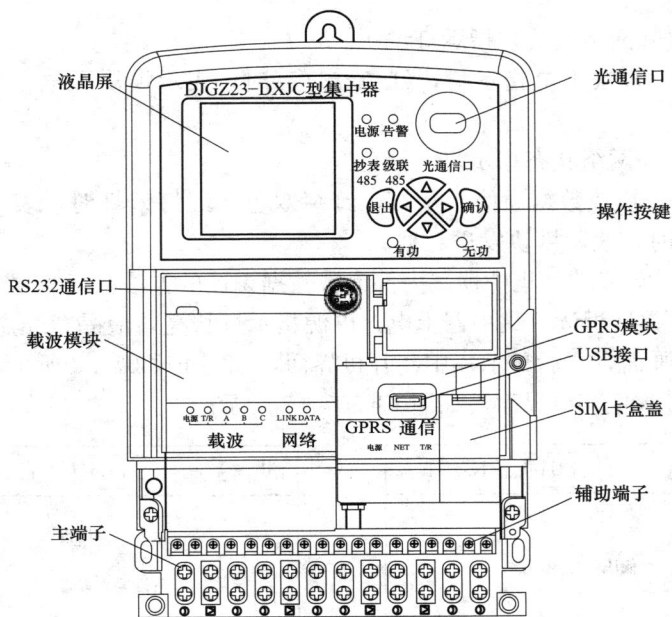

图 FK507-1 集中器外观结构

功能。

1）面板电源、告警指示灯说明。

电源灯——集中器上电指示灯，红色。灯亮时，表示电源模块上电；灯灭时，表示电源模块失电。

告警——正常时报警灯为常灭，在报警状态的时候报警灯常亮。

2）左模块（载波通信）指示灯说明。

电源灯——模块上电指示灯，红色。灯亮时，表示模块上电；灯灭时，表示模块失电。

T/R灯——模块数据通信指示灯，红绿双色。红灯闪烁时，表示模块接收数据；绿灯闪烁时，表示模块发送数据。

A相位灯——A相发送状态指示灯，绿色。

B相位灯——B相发送状态指示灯，绿色。

C相位灯——C相发送状态指示灯，绿色。

LINK灯——以太网状态指示灯，绿色。以太网口成功建立连接后，LINK灯常亮。

DATA灯——以太网数据指示灯，红色。以太网口上有数据交换时，DATA

灯闪烁。

3）右模块（网络通信）指示灯说明。

电源灯——模块上电指示灯，红色。灯亮时，表示模块上电；灯灭时，表示模块失电。

NET 灯——网络状态指示灯，绿色。

T/R 灯——模块数据通信指示灯，红绿双色。红灯闪烁时，表示模块接收数据；绿灯闪烁时，表示模块发送数据。

（3）掌握采集终端（集中器）内部参数数据识读的方法。

1）测量点数据识读。集中器上电，电源指示灯长亮，液晶背光点亮，约 2s 后终端显示启动画面，之后显示集中器开机界面，如图 FK507-2 所示，按"→"或"确认"按键进入主菜单界面，如图 FK507-3 所示。

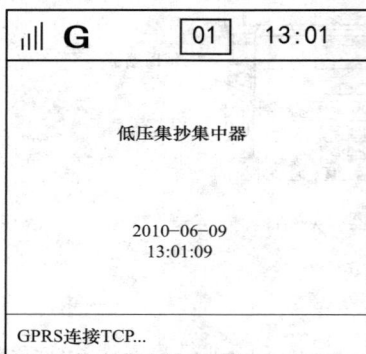

图 FK507-2　集中器开机界面

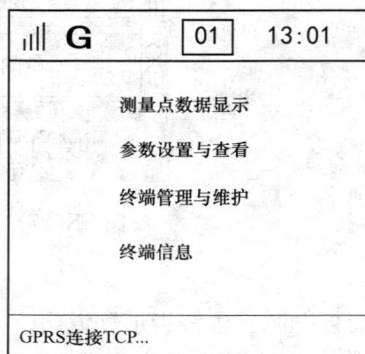

图 FK507-3　集中器主菜单界面

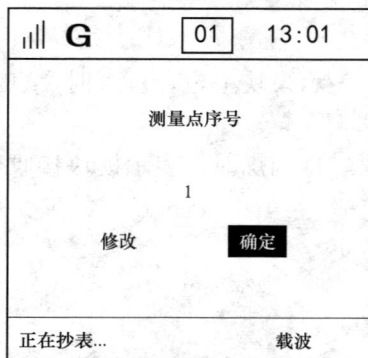

图 FK507-4　测量点选择界面

在主菜单界面中按方向键"↑"或"↓"选择功能菜单，然后在选择好的菜单项上按"确认"键可以进入相应的功能子菜单再进行相应操作。选择"测量点数据显示"，单击按键"确认"，进入测量点选择界面，如图 FK507-4 所示，应用键盘上的"←、↑、↓、→"方向键可以移动光标，选择"修改"，单击按键"确定"，可以修改当前的测量点值，方便客户查询。选定测量点序号后进入测量点数据内容界面如图 FK507-5 所示，按界面文字提示可以读取相关数据信息，测量点信息内容界面，如图 FK507-6 所示。

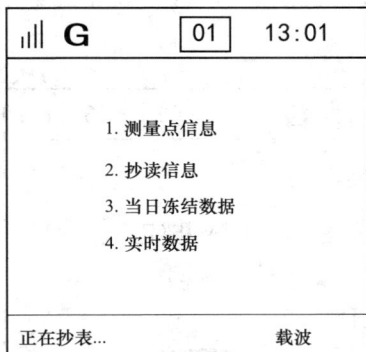

图FK507-5 测量点数据内容界面	图FK507-6 测量点信息内容界面

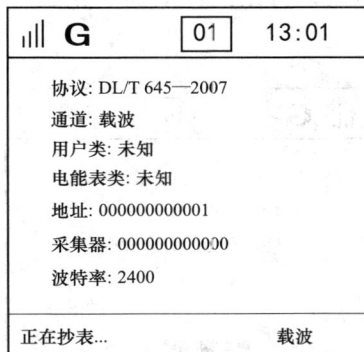

2）通信通道参数识读。在图 FK507-3 所示的集中器主菜单界面中选择"参数设置与查看"，单击按键"确认"进入参数设置选择界面，如图 FK507-7 所示。在图 FK507-7 中将光标移动到"通信通道设置"，单击按键"确认"进入通信参数显示界面如图 FK507-8 所示。

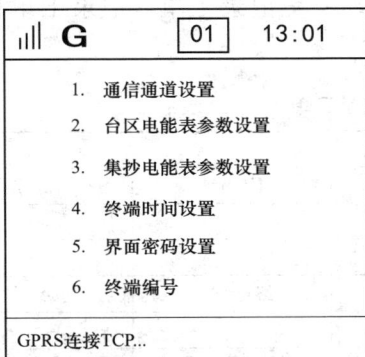

图 FK507-7 参数设置选择界面	图 FK507-8 通信参数显示界面

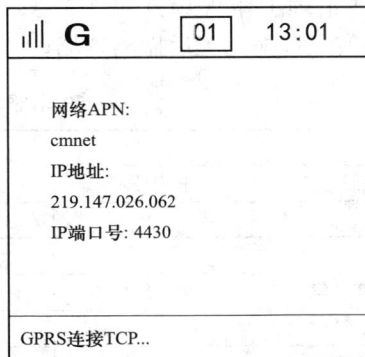

在图 FK507-7 中将光标移动到"终端编号"，单击按键"确认"进入终端参数显示界面，如图 FK507-9 所示。其中终端地址显示的是 16 进制，下面的括号中显示 10 进制的终端地址，这样将方便客户连接不同的主站。

3）终端时间识读。在图 FK507-7 中将光标移动到"终端时间设置"，单击按键"确认"进入终端时间显示界面，如图 FK507-10 所示。移动光标选择"修改"，单击按键"确认"，进入登录界面，输入正确密码后进入参数编辑界面。可以单击方向键"↑、↓"来移动光标，选择要编辑的时间参数，单击"←、→"来改变已经选择的时间参数，"→"数量增加，"←"数量减小。调整完要设置的时间参数后，将光标移动到"完成"，单击按键"确定"，就可以完成终端时间的设置。

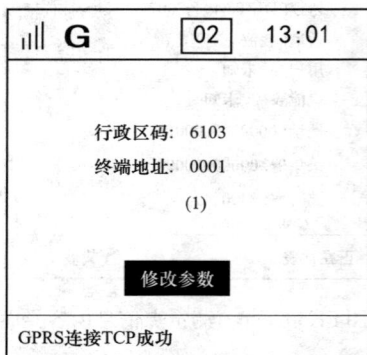

图 FK507-9　终端参数显示界面

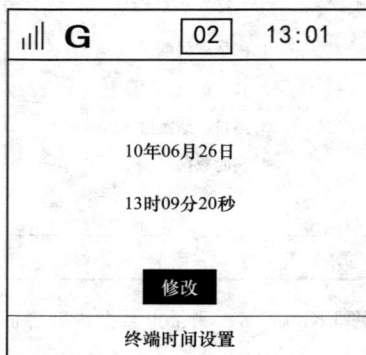

图 FK507-10　终端时间显示界面

（四）完工检查

（1）正确记录采集终端（集中器）资料和参数信息。

（2）清理工作现场并将工器具归位摆好，上交记录工单，记录工单格式见表 FK507-1,报完工后撤离现场。

表 FK507-1　　　　　　　　集中器信息识读记录工单

SIM 卡信息				
通信服务商	电话号码	SIM 卡号	IP 地址	信号强弱
集中器信息				
生产厂家	出厂编号	终端类型	终端型号	接线方式
行政区码	终端地址	网络 APN	IP 地址	端口号
测量点序号	通信协议	通道类型	电能表地址	波特率

二、考核

（一）考核场地

（1）考试在室内进行，每个工位场地面积要求为长、宽各 2m，相邻工位应确保距离合适，不应存在影响安全的其他因素。

（2）考试场地应具备满足终端设备通信的无线公网。

（3）设置评判桌椅、计时秒表和计算器。

（二）考核要点

1．安全

（1）个人安全防护用品使用。

（2）安全措施执行情况。

2．技能

（1）个人工器具的使用。

（2）采集终端（集中器）外观结构识别。

（3）采集终端（集中器）外部指示信号判别。

（4）采集终端（集中器）内部参数数据识读。

（5）采集终端（集中器）资料信息记录完整性。

（三）考核时间

（1）考试总时间为 45min。

（2）许可开工后即开始计时，满 45min 终止考试。

（3）考试时间内，考生报完工后记录为考试结束时间。

三、评分参考标准

行业：电力工程　　　　　工种：电力负荷控制员　　　　　等级：五

编号	FK507	行为领域	e	鉴定范围	
考核时间	45min	题型	B	含权题分	35
试题名称	采集终端的识读（以集中器为例）				
考核要点及其要求	（1）个人安全防护用品和工器具的使用。 （2）采集终端（集中器）外观结构识别。 （3）采集终端（集中器）外部指示信号判别。 （4）采集终端（集中器）内部参数数据识读				
现场设备、工器具、材料	（1）工器具：一字螺钉旋具 1 把、十字螺钉旋具 1 把、"施工现场禁止通行"标示牌 1 块、绝缘垫 1 张。 （2）材料：记录工单 3 张。 （3）设备：通电运行 I 型 GPRS（或 CDMA）集中器 1 台、外置天线 1 根、SIM 卡 2 张				
备注					

评分标准						
序号	作业名称	质量要求	分值	扣分标准	扣分原因	得分
1	着装	需正确佩戴安全帽，穿工作服、绝缘鞋	5	（1）未穿工作服扣3分，工作服未系袖扣、敞怀各扣1分，其他每缺一项扣2分； （2）工作中脱安全帽扣2分； （3）未正确佩戴安全帽扣1分		
2	开工许可	口述安全措施并经许可后开工	5	（1）未口述安全措施扣5分，安全措施不完备扣1～2分； （2）未经许可进入工位该项不得分		
3	工器具使用	合理选择并正确使用工器具	5	（1）选择工具不合理每次扣2分； （2）使用工具不正确每次扣1分		
4	采集终端（集中器）外观结构识别	液晶屏、操作按键识别及功能描述	5	（1）液晶屏识别错误扣2分，液晶屏识别正确但功能描述错误扣1分； （2）操作按键识别错误扣3分，操作按键识别正确但功能描述错误扣2分		
		通信模块、载波模块硬件识别及各自功能描述	10	（1）通信模块识别错误扣5分，通信模块识别正确但功能描述错误扣2分； （2）载波模块识别错误扣5分，载波模块识别正确但功能描述错误扣2分		
		光通信口、RS232通信口、USB接口的识别及功能描述	5	（1）光通信口、RS232通信口、USB接口识别错误扣3分； （2）光通信口、RS232通信口、USB接口功能描述错误扣5分，功能描述错误每项扣2分		

		评分标准				
序号	作业名称	质量要求	分值	扣分标准	扣分原因	得分
5	采集终端（集中器）外部指示信号判别	面板上指示灯状态识别	5	（1）面板上电源指示灯状态识别错误扣3分； （2）面板上告警指示灯状态识别错误扣2分		
		载波模块指示灯状态识别及功能描述	10	（1）电源灯（模块上电指示灯）、T/R灯（模块数据通信指示灯）、相位灯（A/B/C）、LINK灯（以太网状态指示灯）、DATA灯（以太网数据指示灯）识别错误扣5分，每项错误扣1分； （2）电源灯（模块上电指示灯）、T/R灯（模块数据通信指示灯）、相位灯（A/B/C）、LINK灯（以太网状态指示灯）、DATA灯（以太网数据指示灯）功能描述错误扣5分，每项错误扣1分		
		通信模块指示灯状态识别及功能描述	10	（1）电源灯（模块上电指示灯）、NET灯（网络状态指示灯）、T/R灯（模块数据通信指示灯）识别错误扣5分，每项错误扣2分； （2）电源灯（模块上电指示灯）、NET灯（网络状态指示灯）、T/R灯（模块数据通信指示灯）功能描述错误扣5分，每项错误扣2分		
6	采集终端（集中器）内部参数数据识读	测量点及测量点数据识读	5	（1）正确使用操作按键查看采集终端（集中器）测量点及测量点数据信息； （2）不会查看测量点扣3分，不会查看测量点数据扣2分		
		通信通道参数识读	5	（1）正确使用操作按键查看采集终端（集中器）通信通道参数信息； （2）不会查看通信通道参数界面扣5分，会查看界面但参数识读错误扣3分		

					评分标准		
序号	作业名称	质量要求	分值	扣分标准		扣分原因	得分
6	采集终端（集中器）内部参数数据识读	采集终端（集中器）的终端时间识读	5	（1）正确使用操作按键查看采集终端（集中器）的终端时间； （2）不会查看终端时间界面扣5分，会查看界面但时间识读错误扣3分			
7	完工检查	正确记录采集终端（集中器）资料信息	5	（1）正确记录采集终端（集中器）生产厂家、出厂编号、终端类型（GPRS/CDMA）、终端型号、接线方式等资料信息； （2）无采集终端（集中器）资料信息记录扣5分，资料信息记录错误每处扣1分			
		正确记录采集终端（集中器）参数信息	5	（1）正确记录采集终端（集中器）的行政区码、终端地址、网络APN、IP地址、端口号等参数信息； （2）无采集终端（集中器）参数信息记录扣5分，参数信息记录错误每处扣1分			
8	安全文明生产	安全文明操作，不损坏工器具，不发生安全事故	15	（1）损坏设备仪器扣10分，跌落工具每次扣2分； （2）未清理现场、未报完工各扣5分； （3）如发生危及人身和设备安全的操作行为，考生本项考试不及格			

考试开始时间			考试结束时间		合计	
考生栏	编号：	姓名：	所在岗位：	单位：	日期：	
考评员栏	成绩：	考评员：		考评组长：		

无线小功率方式公用变压器采集终端及电能计量装置的安装

一、操作

(一) 工器具、材料、设备

(1) 工器具：电工个人组合工具 1 套、"施工现场禁止通行"标示牌 1 快、绝缘垫 1 张。

(2) 材料：$2 \times 0.5 mm^2$ RS485 线 100m、$2.5 mm^2$ 铜芯线 100m、绝缘胶布 1 卷、一次性铅封 10 根、记录工单 3 张。

(3) 设备：Ⅰ型无线小功率 GPRS（或 CDMA）集中器 1 台、Ⅰ型无线小功率采集器 1 台、外置天线 3 根、通电运行的带 485 通信接口电能表 3 只、SIM 卡 2 张。

(二) 安全要求

(1) 现场设安全防护围栏以及施工现场禁止通行标示牌，操作台下敷设绝缘垫。

(2) 考生需穿工作服、绝缘鞋，戴安全帽，口述安全措施且由考评员许可后开工。

(3) 操作过程中，考评员负责监护，如考生存在可能危及安全的操作，考评员有权终止考评，并取消考生本项考试资格。

(三) 步骤及要求

(1) 使用合理的工器具和材料安装集中器（无线小功率）和采集器，确保接线正确，集中器主接线端子如图 FK506-1 所示。

(2) 正确安装集中器的天线和 SIM 卡，确保远程通信信号良好。

(3) 正确安装无线小功率采集器的天线，并用 RS485 线连接采集器和通电运行的电能表，按照 485 端口 A 和 A 相连、B 和 B 相连的原则进行接线，保证 485 线接线正确，确保本地通信信号良好，集中器辅助接线端子见图 FK506-2，RS485 Ⅰ 为集中器与台区总表的抄表 485 接口。

(4) 准确记录集中器（无线小功率）、采集器和电能表等信息，确保公用变压器采集终端建档时资料齐全。

（四）完工检查

（1）检查集中器（无线小功率）、采集器和电能表接线。

（2）对电能表、集中器（无线小功率）和采集器等计量装置进行加封。

（3）清理工作现场并将工器具归位摆好，上交记录工单，记录工单格式见表FK506-1，报完工后撤离现场。

二、考核

（一）考核场地

（1）考试在室内进行，每个工位场地面积要求为长、宽各 2m，相邻工位应确保距离合适，不应存在影响安全的其他因素。

（2）考试场地应具备满足终端设备通信的无线公网。

（3）设置评判桌椅、计时秒表和计算器。

（二）考核要点

1．安全

（1）个人安全防护用品使用。

（2）安全措施执行情况。

2．技能

（1）个人工器具的使用。

（2）集中器（无线小功率）和采集器的安装接线。

（3）集中器天线和 SIM 卡的安装。

（4）采集器的天线安装以及电能表的 485 线接线工艺。

（5）公用变压器采集终端建档资料记录完整性。

（三）考核时间

（1）考试总时间为 45min。

（2）许可开工后即开始计时，满 45min 终止考试。

（3）考试时间内，考生报完工后记录为考试结束时间。

三、评分参考标准

行业：电力工程　　　　　　　　工种：电力负荷控制员　　　　　　　等级：五

编号	FK508	行为领域	e	鉴定范围	
考核时间	45min	题型	B	含权题分	35
试题名称	无线小功率方式公用变压器采集终端及电能计量装置的安装				

考核要点 及其要求	(1) 个人安全防护用品和工器具的使用。 (2) 集中器（无线小功率）和采集器的安装接线。 (3) 集中器天线和 SIM 卡的安装。 (4) 采集器的天线安装以及电能表的 485 线接线工艺。 (5) 公用变压器采集终端建档资料记录完整性
现场设备、 工器具、材料	(1) 工器具：电工个人组合工具 1 套、"施工现场禁止通行"标示牌 1 快、绝缘垫 1 张。 (2) 材料：2×0.5mm² RS485 线 100m、2.5 mm² 铜芯线 100m、绝缘胶布 1 卷、一次性铅封 10 根、记录工单 3 张。 (3) 设备：Ⅰ型无线小功率 GPRS（或 CDMA）集中器 1 台、Ⅰ型无线小功率采集器 1 台、外置天线 3 根、通电运行的带 485 通信接口电能表 3 只、SIM 卡 2 张
备注	

评分标准

序号	作业名称	质量要求	分值	扣分标准	扣分 原因	得分
1	着装	需正确佩戴安全帽，穿工作服、绝缘鞋	5	（1）未穿工作服扣 3 分，工作服未系袖扣、敞怀各扣 1 分，其他每缺一项扣 2 分； （2）工作中脱安全帽扣 2 分； （3）未正确佩戴安全帽扣 1 分		
2	开工许可	口述安全措施并经许可后开工	5	（1）未口述安全措施扣 5 分，安全措施不完备扣 1～2 分； （2）未经许可进入工位该项不得分		
3	工器具使用	合理选择并正确使用工器具	5	（1）选择工器具不合理，每次扣 2 分； （2）使用工器具不正确，每次扣 1 分		
4	集中器（无线小功率）和采集器安装	集中器（无线小功率）安装接线正确	10	（1）集中器（无线小功率）安装接线按规范要求执行； （2）集中器（无线小功率）电源接线错误或只接入一相电压扣 10 分，使用 485 线替代 2.5 mm² 铜芯线当电源线扣 5 分，其他错误每处扣 1 分		

		评分标准				
序号	作业名称	质量要求	分值	扣分标准	扣分原因	得分
4	集中器（无线小功率）和采集器安装	采集器安装接线正确	10	（1）采集器安装接线按规范要求执行； （2）采集器电源接线错误扣10分，使用485线替代2.5 mm²铜芯线当电源线扣5分，接线松动脱落每处扣1分		
		集中器天线和 SIM 卡的正确安装	5	（1）根据集中器类型正确选择安装 SIM 卡，选型错误扣3分，安装错误扣2分； （2）天线未安装牢固导致信号较弱扣2分		
5	集中器（无线小功率）、采集器和电能表通信接线	用 RS485 线连接采集器和电能表的485通信端口	5	（1）未正确选用 RS485 线扣2分； （2）A、B 端口接线错误扣3分		
		无线小功率采集器的天线安装	5	（1）无线小功率采集器未安装天线扣5分； （2）采集器天线安装不牢固扣3分，安装位置不合理扣2分		
6	公用变压器采集终端建档资料收集记录	记录公用变压器台区资料信息	2	正确记录公用变压器台区名称和台区编号信息，每错误一处扣1分		
		记录集中器（无线小功率）资料信息	5	正确记录集中器（无线小功率）生产厂家、出厂编号、终端类型（GPRS/CDMA）、终端型号、终端地址等信息，每错误一处扣1分		
		正确抄录采集器信息以及对应电能表相关信息	5	（1）正确记录电能表生产厂家、出厂编号（表地址）、通信规约等信息，每错误一处扣1分； （2）正确记录采集器生产厂家、出厂编号（通信地址）信息，每错误一处扣1分		

评分标准						
序号	作业名称	质量要求	分值	扣分标准	扣分原因	得分
6	公用变压器采集终端建档资料收集记录	正确抄录 SIM 卡信息	3	正确记录 SIM 卡卡号（IC-CID 号）、电话号码和对应运营商等信息，每错误一处扣1分		
7	完工检查	集中器（无线小功率）、采集器和电能表接线检查	10	（1）集中器（无线小功率）、采集器电源接线检查，未检查接线扣 4 分，漏查每处扣2分； （2）集中器（无线小功率）、采集器和电能表通信接线检查，未检查扣6分，漏查每处扣2分； （3）确保集中器（无线小功率）、采集器通电正常，电源指示灯亮，任一设备电源指示灯不亮扣2分		
		集中器（无线小功率）、采集器和电能表加封	10	（1）集中器（无线小功率）、采集器未加封扣4分，漏封每处扣2分； （2）电能表未加封扣6分，漏封每处扣2分		
8	安全文明生产	安全文明操作，不损坏工器具，不发生安全事故	15	（1）损坏设备仪器扣 10 分，跌落工器具每次扣2分； （2）未清理现场、未报完工各扣5分； （3）如发生危及人身和设备安全的操作行为，考生本项考试不及格		
考试开始时间				考试结束时间		合计
考生栏		编号： 姓名：		所在岗位： 单位：		日期：
考评员栏		成绩： 考评员：		考评组长：		

一、操作

（一）工器具、材料、设备

（1）工器具：电工个人组合工具1套、"施工现场禁止通行"标示牌1快、绝缘垫1张。

（2）材料：$2×0.5mm^2$ RS485线100m、$2.5mm^2$ 铜芯线100m、绝缘胶布1卷、一次性铅封10根、记录工单3张。

（3）设备：Ⅰ型载波通信GPRS（或CDMA）集中器1台、Ⅰ型载波通信采集器1台、外置天线1根、通电运行的带485通信接口电能表3只、SIM卡2张。

（二）安全要求

（1）现场设安全防护围栏以及"施工现场禁止通行"标示牌，操作台下敷设绝缘垫。

（2）考生需穿工作服、绝缘鞋，戴安全帽，口述安全措施且由考评员许可后开工。

（3）操作过程中，考评员负责监护，如考生存在可能危及安全的操作，考评员有权终止考评，并取消考生本项考试资格。

（三）步骤及要求

（1）使用合理的工器具、材料安装集中器（载波通信）和采集器，确保接线正确，集中器主接线端子示意图如图FK506-1所示。

（2）正确安装集中器的天线和SIM卡，确保远程通信信号良好。

（3）正确安装集中器（载波通信）和采集器的载波模块，并用RS485线连接采集器和通电运行的电能表，按照485端口A和A相连、B和B相连的原则进行接线，保证485线接线正确，确保本地通信信号良好，集中器辅助接线端子示意图见图FK506-2，RS485Ⅰ为集中器与台区总表的抄表485接口。

（4）准确记录集中器（载波通信）、采集器和电能表等信息，确保公用变压器采集终端建档时资料齐全。

（四）完工检查

（1）检查集中器（载波通信）、采集器和电能表接线以及载波模块的安装情况。

（2）对电能表、集中器（载波通信）和采集器等计量装置进行加封。

（3）清理工作现场并将工器具归位摆好，上交记录工单，记录工单格式见表 FK506-1，报完工后撤离现场。

二、考核

（一）考核场地

（1）考试在室内进行，每个工位场地面积要求为长、宽各 2m，相邻工位应确保距离合适，不应存在影响安全的其他因素。

（2）考试场地应具备满足终端设备通信的无线公网。

（3）设置评判桌椅、计时秒表和计算器。

（二）考核要点

1. 安全

（1）个人安全防护用品使用。

（2）安全措施执行情况。

2. 技能

（1）个人工器具的使用。

（2）集中器（载波通信）和采集器的安装接线。

（3）集中器天线和 SIM 卡的安装。

（4）集中器、采集器的载波模块安装以及采集器和电能表的 485 线接线工艺。

（5）公用变压器采集终端建档资料记录完整性。

（三）考核时间

（1）考试总时间为 45min。

（2）许可开工后即开始计时，满 45min 终止考试。

（3）考试时间内，考生报完工后记录为考试结束时间。

三、评分参考标准

行业：电力工程 工种：电力负荷控制员 等级：五

编号	FK509	行为领域	e	鉴定范围	
考核时限	45min	题型	B	含权题分	35
试题名称	半载波方式公用变压器采集终端及电能计量装置的安装				
考核要点及其要求	(1) 个人安全防护用品和工器具的使用。 (2) 集中器（载波通信）和采集器的安装接线。 (3) 集中器天线和SIM卡的安装。 (4) 集中器、采集器的载波模块安装以及采集器和电能表的485线接线工艺。 (5) 公用变压器采集终端建档资料记录完整性				
现场设备、工器具、材料	(1) 工器具：电工个人组合工具1套、"施工现场禁止通行"标示牌1快、绝缘垫1张。 (2) 材料：2×0.5mm² RS485线100m、2.5mm²铜芯线100m、绝缘胶布1卷、一次性铅封10根、记录工单3张。 (3) 设备：Ⅰ型载波通信GPRS（或CDMA）集中器1台、Ⅰ型载波通信采集器1台、外置天线1根、通电运行的带485通信接口电能表3只、SIM卡2张				
备注					

评分标准

序号	作业名称	质量要求	分值	扣分标准	扣分原因	得分
1	着装	需正确佩戴安全帽，穿工作服、绝缘鞋	5	(1) 未穿工作服扣3分，工作服未系袖扣、敞怀各扣1分，其他每缺一项扣2分； (2) 工作中脱安全帽扣2分； (3) 未正确佩戴安全帽扣1分		
2	开工许可	口述安全措施并经许可后开工	5	(1) 未口述安全措施扣5分，安全措施不完备扣1～2分； (2) 未经许可进入工位该项不得分		
3	工器具使用	合理选择并正确使用工器具	5	(1) 选择工器具不合理，每次扣2分； (2) 使用工器具不正确，每次扣1分		

评分标准						
序号	作业名称	质量要求	分值	扣分标准	扣分原因	得分
4	集中器（载波通信）和采集器安装	集中器（载波通信）安装接线正确	10	（1）集中器（载波通信）安装接线按规范要求执行； （2）集中器（载波通信）电源接线错误或只接入一相电压扣10分，使用485线替代2.5mm²铜芯线当电源线扣5分，其他错误每处扣1分		
		采集器安装接线正确	10	（1）采集器安装接线按规范要求执行； （2）采集器电源接线错误扣10分，使用485线替代2.5mm²铜芯线当电源线扣5分，接线松动脱落每处扣1分		
		集中器天线和SIM卡的正确安装	5	（1）根据集中器类型正确选择安装SIM卡，选型错误扣3分，安装错误扣2分； （2）天线未安装牢固导致信号较弱扣2分		
5	集中器（载波通信）、采集器的载波模块安装以及采集器和电能表通信接线	集中器（载波通信）、采集器的载波模块安装	5	（1）集中器（载波通信）、采集器的载波模块未安装扣5分； （2）集中器（载波通信）、采集器的载波模块选型方案不匹配扣3分，安装接触不良扣2分		
		用RS485线连接采集器和电能表的485通信端口	5	（1）未正确选用RS485线扣2分； （2）A、B端口接线错误扣3分		

		评分标准				
序号	作业名称	质量要求	分值	扣分标准	扣分原因	得分
6	公用变压器采集终端建档资料收集记录	记录公用变压器台区资料信息	2	正确记录公用变压器台区名称和台区编号信息，每错误一处扣1分		
		记录集中器（载波通信）资料信息	5	正确记录集中器（载波通信）生产厂家、出厂编号、终端类型（GPRS/CDMA）、终端型号、终端地址等信息，每错误一处扣1分		
		正确抄录采集器信息以及对应电能表相关信息	5	（1）正确记录电能表生产厂家、出厂编号（表地址）、通信规约等信息，每错误一处扣1分； （2）正确记录采集器生产厂家、出厂编号（通信地址）信息，每错误一处扣1分		
		正确抄录SIM卡信息	3	正确记录SIM卡卡号（IC-CID号）、电话号码和对应运营商等信息，每错误一处扣1分		
7	完工检查	检查集中器（载波通信）、采集器和电能表接线以及载波模块的安装情况	10	（1）检查集中器（载波通信）、采集器电源接线，未检查接线扣4分，漏查每处扣1分； （2）检查集中器（载波通信）、采集器载波模块的安装情况，未检查扣2分，漏查每处扣1分； （3）检查采集器和电能表485通信接线，未检查扣4分，漏查每处扣1分； （4）确保集中器（载波通信）、采集器通电正常，电源指示灯亮，任一设备电源指示灯不亮扣2分		
		集中器（载波通信）、采集器和电能表加封	10	（1）集中器（载波通信）、采集器未加封扣4分，漏封每处扣2分； （2）电能表未加封扣6分，漏封每处扣2分		

		评分标准				
序号	作业名称	质量要求	分值	扣分标准	扣分原因	得分
8	安全文明生产	安全文明操作，不损坏工器具，不发生安全事故	15	（1）损坏设备仪器扣10分，跌落工具每次扣2分； （2）未清理现场、未报完工各扣5分； （3）如发生危及人身和设备安全的操作行为，考生本项考试不及格		
考试开始时间			考试结束时间		合计	
考生栏	编号：　　姓名：		所在岗位：	单位：	日期：	
考评员栏	成绩：　　考评员：			考评组长：		

**全载波方式公用变压器采集终端及
电能计量装置的安装**

一、操作

（一）工器具、材料、设备

（1）工器具：电工个人组合工具 1 套、"施工现场禁止通行"标示牌 1 块、绝缘垫 1 张。

（2）材料：2.5mm² 铜芯线 100m、绝缘胶布 1 卷、一次性铅封 10 根、记录工单 3 张。

（3）设备：Ⅰ型载波通信 GPRS（或 CDMA）集中器 1 台、外置天线 1 根、全载波智能电能表 3 只、SIM 卡 2 张。

（二）安全要求

（1）现场设安全防护围栏以及"施工现场禁止通行"标示牌，操作台下敷设绝缘垫。

（2）考生需穿工作服、绝缘鞋，戴安全帽，口述安全措施且由考评员许可后开工。

（3）操作过程中，考评员负责监护，如考生存在可能危及安全的操作，考评员有权终止考评，并取消考生本项考试资格。

（三）步骤及要求

（1）使用合理的工器具、材料安装集中器（载波通信）和全载波电能表，确保接线正确，集中器主接线端子如图 FK507 - 1 所示。

（2）正确安装集中器的天线和 SIM 卡，确保远程通信信号良好。

（3）正确安装集中器（载波通信）以及全载波智能电能表的载波模块，确保本地通信信号良好。

（4）准确记录集中器（载波通信）和电能表等信息，确保公用变压器采集终端建档时资料齐全。

（四）完工检查

（1）检查集中器（载波通信）和全载波智能电能表的载波模块的安装情况。

（2）对集中器（载波通信）和全载波智能电能表等计量装置进行加封。

（3）清理工作现场并将工器具归位摆好，上交记录工单，记录工单格式见表 FK507-1，报完工后撤离现场。

二、考核

（一）考核场地

（1）考试在室内进行，每个工位场地面积要求为长、宽各 2m，相邻工位应确保距离合适，不应存在影响安全的其他因素。

（2）考试场地应具备满足终端设备通信的无线公网。

（3）设置评判桌椅、计时秒表和计算器。

（二）考核要点

1. 安全

（1）个人安全防护用品使用。

（2）安全措施执行情况。

2. 技能

（1）个人工器具的使用。

（2）集中器（载波通信）和全载波智能电能表的安装接线。

（3）集中器天线和 SIM 卡的安装。

（4）集中器（载波通信）和全载波智能电能表的载波模块安装。

（5）公用变压器采集终端建档资料记录完整性。

（三）考核时间

（1）考试总时间为 45min。

（2）许可开工后即开始计时，满 45min 终止考试。

（3）考试时间内，考生报完工后记录为考试结束时间。

三、评分参考标准

行业：电力工程　　　　　　工种：电力负荷控制员　　　　　　等级：五

编号	FK510	行为领域	e	鉴定范围	
考核时限	45min	题型	B	含权题分	35
试题名称	全载波方式公用变压器采集终端及电能计量装置的安装				

考核要点 及其要求	(1) 个人安全防护用品和工器具的使用。 (2) 集中器（载波通信）和全载波智能电能表的安装。 (3) 集中器天线和 SIM 卡的安装。 (4) 集中器（载波通信）和全载波智能电能表的载波模块安装。 (5) 公用变压器采集终端建档资料记录完整性
现场设备、 工器具、材料	(1) 工器具：电工个人组合工具 1 套、"施工现场禁止通行"标示牌 1 块、绝缘垫 1 张。 (2) 材料：2.5mm² 铜芯线 100m、绝缘胶布 1 卷、一次性铅封 10 根、记录工单 3 张。 (3) 设备：I 型载波通信 GPRS（或 CDMA）集中器 1 台、外置天线 1 根、全载波智能电能表 3 只、SIM 卡 2 张
备注	

评分标准

序号	作业名称	质量要求	分值	扣分标准	扣分原因	得分
1	着装	需正确佩戴安全帽，穿工作服、绝缘鞋	5	(1) 未穿工作服扣 3 分，工作服未系袖扣、敞怀各扣 1 分，其他每缺一项扣 2 分； (2) 工作中脱安全帽扣 2 分； (3) 未正确佩戴安全帽扣 1 分		
2	开工许可	口述安全措施并经许可后开工	5	(1) 未口述安全措施扣 5 分，安全措施不完备扣 1~2 分； (2) 未经许可进入工位该项不得分		
3	工器具使用	合理选择并正确使用工器具	5	(1) 选择工器具不合理每次扣 2 分； (2) 使用工器具不正确每次扣 1 分		
4	集中器（载波通信）和全载波智能电能表的安装	集中器（载波通信）安装接线正确	10	(1) 集中器（载波通信）安装接线按规范要求执行； (2) 集中器（载波通信）电源接线错误或只接入一相电压扣 10 分，使用 485 线替代 2.5mm² 铜芯线当电源线扣 5 分，其他错误每处扣 1 分		

序号	作业名称	质量要求	分值	扣分标准	扣分原因	得分
4	集中器（载波通信）和全载波智能电能表的安装	全载波智能电能表安装接线正确	10	（1）全载波智能电能表安装接线按规范要求执行；（2）全载波智能电能表电源接线错误扣10分，使用485线替代2.5mm²铜芯线当电源线扣5分，接线松动脱落每处扣1分		
		集中器天线和SIM卡的正确安装	5	（1）根据集中器类型正确选择安装SIM卡，选型错误扣3分，安装错误扣2分；（2）天线未安装牢固导致信号较弱扣2分		
5	集中器（载波通信）和全载波智能电能表的载波模块安装	集中器（载波通信）的载波模块安装	5	（1）集中器（载波通信）的载波模块未安装扣5分；（2）集中器（载波通信）的载波模块选型方案与电能表不匹配扣3分，安装接触不良扣2分		
		全载波智能电能表的载波模块安装	5	（1）全载波智能电能表的载波模块未安装扣5分；（2）全载波智能电能表的载波模块选型方案与集中器（载波通信）不匹配扣3分，安装接触不良扣2分		
6	公用变压器采集终端建档资料收集记录	记录公用变压器台区资料信息	2	正确记录公用变压器台区名称和台区编号信息，每错误一处扣1分		
		记录集中器（载波通信）资料信息	5	正确记录集中器（载波通信）生产厂家、出厂编号、终端类型（GPRS/CDMA）、接线方式、终端地址等信息，每错误一处扣1分		

		评分标准				
序号	作业名称	质量要求	分值	扣分标准	扣分原因	得分
6	公用变压器采集终端建档资料收集记录	正确抄录全载波智能电能表资料信息	5	正确记录电能表生产厂家、出厂编号（表地址）、通信规约等信息，未记录信息扣5分，每错误一处扣1分		
		正确抄录SIM卡信息	3	正确记录SIM卡卡号（ICCID号）、电话号码和对应运营商等信息，每错误一处扣1分		
7	完工检查	检查集中器（载波通信）和全载波智能电能表接线以及载波模块的安装情况	10	（1）检查集中器（载波通信）和全载波智能电能表电源接线，未检查接线扣4分，漏查每处扣1分； （2）检查集中器（载波通信）和全载波智能电能表载波模块的安装情况，未检查扣6分，漏查每处扣1分； （3）确保集中器（载波通信）和全载波智能电能表通电正常，电源指示灯亮，任一设备电源指示灯不亮扣2分		
		集中器（载波通信）和全载波智能电能表加封	10	（1）集中器（载波通信）未加封扣4分，漏封每处扣2分； （2）全载波智能电能表未加封扣6分，漏封每处扣2分		
8	安全文明生产	安全文明操作，不损坏工器具，不发生安全事故	15	（1）损坏设备仪器扣10分，跌落工器具每次扣2分； （2）未清理现场、未报完工各扣5分； （3）如发生危及人身和设备安全的操作行为，考生本项考试不及格		
考试开始时间			考试结束时间		合计	
考生栏	编号：	姓名：	所在岗位：	单位：	日期：	
考评员栏	成绩：	考评员：		考评组长：		

用电信息采集现场服务终端的使用

一、施工

（一）设备

HE5001 型现场服务终端 1 台（含配套检测线夹）、97/07 规约电能表各 1 块（规格型号不限）、09 规约负控终端/集中器各 1 台、十字螺钉旋具 1 把。

（二）安全要求

操作过程中，考评员负责监护，如考生存在可能危及安全的操作，考评员有权终止考评，并取消考生本项考试资格。

（三）步骤及要求

（1）检查服务终端是否完好无损，是否可正常开机。

（2）开启测试仪，进入测试菜单，连接测试线。

（3）执行测试任务，核实测试结果。

1）测试电能表通信地址及波特率等相关参数。

2）进行电能表广播校时。

3）抄读电能表电量止码数据。

4）测试电能表 485 通信端口是否正常。

5）测试负控终端/集中器 485 通信端口是否正常。

（四）完工检查

（1）返回主界面并关闭现场服务终端。

（2）清理工作现场、上交工作记录，报完工后撤离现场。

二、考核

（一）考核场地

考试在室内进行，相邻工位应确保距离合适，不应存在影响安全的其他因素。

（二）考核要点

1. 安全

（1）个人安全防护。

（2）安全措施执行。

2. 技能

（1）个人工器具的使用。

（2）仪器设备的使用。

（3）操作规范性。

（4）记录完整性。

（5）考核等级范围。

1）五级工考核范围：电能表通信地址及波特率等相关参数测试，电能表广播校时，电能表电量止码数据抄读。

2）四级工考核范围：测试电能表通信地址及波特率等相关参数，电能表广播校时，抄读电能表电量止码数据，电能表 485 通信端口测试，负控终端/集中器 485 通信端口测试。

3. 考核时间

（1）五级考试总时间为 30min，四级考核总时间为 45min。

（2）许可开工后即开始计时，到时终止考试。

（3）考试时间内，考生报完工后记录为考试结束时间。

三、评分参考标准

行业：电力工程　　　　　　工种：电力负荷控制员　　　　　　等级：五

编号	FK511	行为领域	e	鉴定范围	
考核时间	30min	题型	A	含权题分	25
试题名称	用电信息采集现场服务终端的使用				
考核要点及其要求	（1）测试仪进入菜单选择。 （2）接线检查及通信规约选择。 （3）记录完整正确				
现场设备、工器具、材料	设备：接口测试仪、现场工作配套工器具				
备注					
评分标准					

序号	作业名称	质量要求	分值	扣分标准	扣分原因	得分
1	着装	需正确佩戴安全帽，穿工作服、绝缘鞋，工作过程中戴手套	10	（1）未穿工作服扣 3 分，工作服未系袖扣、敞怀各扣 1 分，其他每缺一项扣 2 分； （2）工作中脱安全帽及手套各扣 2 分；未正确佩戴安全帽扣 1 分		

			评分标准			
序号	作业名称	质量要求	分值	扣分标准	扣分原因	得分
2	工器具、材料准备	合理选择并正确使用工器具	5	(1) 使用工具不正确每次扣2分； (2) 选择工具不合理每次扣1分		
3	现场服务终端外观检查	检查现场服务终端电池及机身是否完好无损	5	未检查外观及电池完整性的各扣7分		
4	现场服务终端开机检查	开启现场服务终端，检查是否能正常使用	5	未正确操作的扣10分		
5	电能表通信地址及波特率等相关参数测试	选择现场服务终端对应功能测试项，选择核实通信方式进行测试	25	(1) 功能测试项选择错误扣25分； (2) 接线错误导致未完成测试扣20分； (3) 测试参数设置错误一处扣10分； (4) 测试结果未核对扣5分		
6	电能表广播校时	选择现场服务终端对应功能测试项，选择合适通信方式进行测试	20	(1) 功能测试项选择错误扣20分； (2) 接线错误导致未完成测试扣15分； (3) 测试参数设置错误一处扣5分； (4) 测试结果未核对扣5分		
7	电能表电量止码数据抄读	选择现场服务终端对应功能测试项，选择合适通信方式进行测试	25	(1) 功能测试项选择错误扣25分； (2) 接线错误导致未完成测试扣20分； (3) 测试参数设置错误一处扣5分； (4) 测试结果未核对扣5分		

				评分标准			
序号	作业名称	质量要求	分值	扣分标准		扣分原因	得分
8	安全文明生产	安全文明操作，不损坏工器具，不发生安全事故	5	（1）跌落工具每次扣2分，损坏仪器扣5分； （2）未清理现场、未报完工各扣2分			

考试开始时间				考试结束时间		合计	
考生栏	编号：	姓名：		所在岗位：	单位：	日期：	
考评员栏	成绩：	考评员：			考评组长：		

行业：电力工程　　　　　　工种：电力负荷控制员　　　　　　等级：四

编号	FK401	行为领域	e	鉴定范围	
考核时间	45min	题型	A	含权题分	30
试题名称	用电信息采集现场服务终端的使用				
考核要点及其要求	（1）测试仪进入菜单选择。 （2）接线检查及通信规约选择。 （3）记录完整正确				
现场设备、工器具、材料	设备：接口测试仪、现场工作配套工器具				
备注					

				评分标准			
序号	作业名称	质量要求	分值	扣分标准		扣分原因	得分
1	着装	需正确佩戴安全帽，穿工作服、绝缘鞋，工作过程中戴手套	5	（1）未穿工作服扣3分，工作服未系袖扣、敞怀各扣1分，其他每缺一项扣2分； （2）工作中脱安全帽及手套各扣2分；未正确佩戴安全帽扣1分			
2	工器具、材料准备	合理选择并正确使用工器具	5	（1）使用工具不正确每次扣1分； （2）选择工具不合理每次扣2分			

		评分标准				
序号	作业名称	质量要求	分值	扣分标准	扣分原因	得分
3	现场服务终端外观检查	检查现场服务终端电池及机身是否完好无损	5	未检查外观及电池完整性的各扣1分		
4	现场服务终端开机检查	开启现场服务终端,检查是否能正常使用	5	未正确操作的扣3分		
5	电能表通信地址及波特率等相关参数测试	选择现场服务终端对应功能测试项,选择核实通信方式进行测试	15	(1)功能测试项选择错误扣25分; (2)接线错误导致未完成测试扣20分; (3)测试参数设置错误一处扣10分; (4)测试结果未核对扣5分		
6	电能表广播校时	选择现场服务终端对应功能测试项,选择合适通信方式进行测试	10	(1)功能测试项选择错误扣10分; (2)接线错误导致未完成测试扣5分; (3)测试参数设置错误一处扣5分; (4)测试结果未核对扣5分		
7	电能表电量止码数据抄读	选择现场服务终端对应功能测试项,选择合适通信方式进行测试	15	(1)功能测试项选择错误扣15分; (2)接线错误导致未完成测试扣10分; (3)测试参数设置错误一处扣3分; (4)测试结果未核对扣2分		
8	电能表485通信端口测试	选择现场服务终端对应功能测试项,选择合适通信方式进行测试	15	(1)功能测试项选择错误扣15分; (2)接线错误导致未完成测试扣10分; (3)测试参数设置错误一处扣3分; (4)测试结果未核对扣2分		

		评分标准					
序号	作业名称	质量要求	分值	扣分标准		扣分原因	得分
9	负控终端/集中器 485 通信端口测试	选择现场服务终端对应功能测试项，选择合适通信方式进行测试	15	（1）功能测试项选择错误扣15分； （2）接线错误导致未完成测试扣10分； （3）测试参数设置错误一处扣3分； （4）测试结果未核对扣2分			
10	安全文明生产	安全文明操作，不损坏工器具，不发生安全事故	10	（1）跌落工具扣2分/次，损坏仪器扣10分； （2）未清理现场、未报完工各扣5分			
考试开始时间			考试结束时间			合计	
考生栏		编号： 姓名：	所在岗位：	单位：		日期：	
考评员栏		成绩： 考评员：			考评组长：		

专用变压器终端及电能计量装置的现场安装

一、操作

（一）工器具、材料、设备

（1）工器具：电工个人组合工具1套、"施工现场禁止通行"标示牌1块、250×30mm活动扳手1把、300×36mm活动扳手1把。

（2）材料：DFY1联合接线盒1个、带穿钉羊角抱箍2个、ZA－KW－450/750－10×2.5低压控制电缆15m、4×0.5mm² RS485线100m、2.5mm²铜芯线100m、绝缘胶布1卷、一次性铅封10根、记录工单3张。

（3）设备：电能计量箱1套、Ⅲ型GPRS（或CDMA）专用变压器采集终端1台、外置天线1根、带485通信接口三相四线电能表1只、低压电流互感器3个、SIM卡2张

（二）安全要求

（1）现场设安全防护围栏以及"施工现场禁止通行"标示牌，操作台面下敷设绝缘垫。

（2）考生需穿工作服、绝缘鞋，戴安全帽，口述安全措施且由考评员许可后开工。

（3）操作过程中，考评员负责监护，如考生存在可能危及安全的操作，考评员有权终止考评，并取消考生本项考试资格。

（三）步骤及要求

（1）口述安全措施及注意事项，在变压器停电的状态下进行电能计量箱的安装作业。

（2）使用合理的工器具和材料安装三相四线电能表、低压电流互感器和专用变压器采集终端，确保接线正确，专用变压器采集终端主接线端子见图FK402－1。

（3）正确安装专用变压器采集终端的天线和SIM卡，确保远程通信信号良好。

（4）用RS485线连接专用变压器采集终端和三相四线电能表，确保能够实现脉冲和485端口两路采集，专用变压器采集终端辅助接线端子见图FK402－2，其

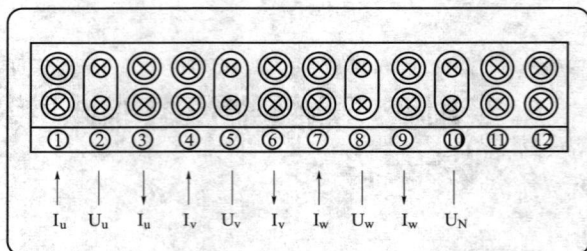

图 FK402-1 专用变压器采集终端主接线端子示意图

中 29、30 接线端子与电能表脉冲端口相连，33、34（或 35、36）接线端子按照 485 端口 A 和 A 相连、B 和 B 相连的原则与电能表 485 端口相连。

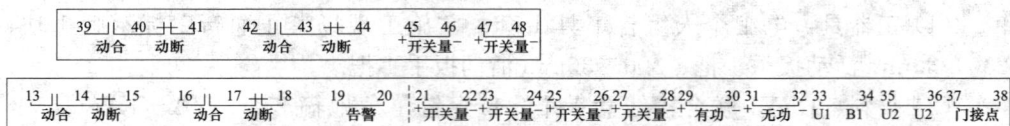

图 FK402-2 专用变压器采集终端辅助接线端子示意图

（5）准确记录专用变压器采集终端建档时所需参数，确保终端主站建档时资料齐全。

（四）完工检查

（1）检查专用变压器采集终端、电能计量装置接线。

（2）对专用变压器采集终端和电能计量装置进行加封。

（3）清理工作现场并将工器具归位摆好，上交记录工单（记录工单格式见表 FK402-1），报完工后撤离现场。

表 FK402-1 专用变压器采集信息记录工单

专用变压器客户信息				
供电单位	管理部门	线路名称	客户名称	客户编号
SIM 卡信息				
通信服务商	电话号码	SIM 卡号	IP 地址	信号强弱
专用变压器采集终端信息				
生产厂家	出厂编号	终端类型	接线方式	终端地址

互感器信息				
生产厂家	型号	出厂编号	出厂年份	变比

电能表信息				
生产厂家	型号	出厂编号	出厂年份	通信规约

二、考核

(一) 考核场地

(1) 考试在室外进行，考试现场具备模拟的可随时投运的停电变压器，具备低压出线，可随时加装低压电流互感器等计量装置，应具备合适的操作空间，不应存在影响安全的其他因素。

(2) 考试场地应具备满足终端设备通信的无线公网。

(3) 设置评判桌椅、计时秒表和计算器。

(二) 考核要点

1. 安全

(1) 个人安全防护用品使用。

(2) 安全措施执行情况。

2. 技能

(1) 个人工器具的使用。

(2) 终端设备和电能计量装置的安装。

(3) 操作过程规范性。

(4) 终端建档资料记录完整性。

(三) 考核时间

(1) 考试总时间为 60min。

(2) 许可开工后即开始计时，满 60min 终止考试。

(3) 考试时间内，考生报完工后记录为考试结束时间。

三、评分参考标准

行业：电力工程　　　　　　工种：电力负荷控制员　　　　　　等级：四

编号	FK402	行为领域	e	鉴定范围	
考核时限	60min	题型	B	含权题分	50
试题名称	专用变压器终端及电能计量装置的现场安装				
考核要点 及其要求	(1) 终端设备和电能计量装置的安装。 (2) 个人安全防护用品使用。 (3) 操作过程规范性。 (4) 终端建档资料记录完整性				
现场设备、 工器具、材料	(1) 工器具：电工个人组合工具1套、"施工现场禁止通行"标示牌1块、250×30mm活动扳手1把、300×36mm活动扳手1把。 (2) 材料：DFY1联合接线盒1个、带穿钉羊角抱箍2个、ZA-KW-450/750-10×2.5低压控制电缆15m、4×0.5mm²RS485线100m、2.5mm²铜芯线100m、绝缘胶布1卷、一次性铅封10根、记录工单3张。 (3) 设备：电能计量箱1套、Ⅲ型GPRS（或CDMA）专用变压器采集终端1台、外置天线1根、带485通信接口三相四线电能表1只、低压电流互感器3个、SIM卡2张				
备注					

评分标准

序号	作业名称	质量要求	分值	扣分标准	扣分原因	得分
1	着装	需正确佩戴安全帽，穿工作服、绝缘鞋	5	(1) 未穿工作服扣3分，工作服未系袖扣、敞怀各扣1分，其他每缺一项扣2分； (2) 工作中脱安全帽扣2分； (3) 未正确佩戴安全帽扣1分		
2	开工许可	口述安全措施并经许可后开工	5	(1) 未口述安全措施扣5分，安全措施不完备扣1~2分； (2) 未经许可进入工位该项不得分		
3	工器具使用	合理选择并正确使用工器具	5	(1) 选择工器具不合理，每次扣2分； (2) 使用工器具不正确，每次扣1分		

		评分标准				
序号	作业名称	质量要求	分值	扣分标准	扣分原因	得分
4	电能计量装置和专用变压器采集终端安装	电能计量装置安装接线正确	10	（1）计量装置安装接线按规范要求执行； （2）电流互感器接线错误扣5分，每只互感器极性接反扣1分； （3）电能表接线出现电流、电压接线混淆错误扣5分，接线松动脱落每处扣1分		
		专用变压器采集终端安装接线正确	10	（1）终端安装接线按规范要求执行； （2）终端电源接线错误或只接入一相电压扣10分，终端电源相序和电能表相序不对应扣5分，其他错误每处扣1分		
		联合接线盒的正确安装	10	必须正确安装联合接线盒，未安装联合接线盒扣10分，安装了联合接线盒但出现接线错误扣5分，接线正确但忘记断开短接片扣3分		
		终端天线和SIM卡的正确安装	5	（1）根据终端类型正确选择、安装SIM卡，选型错误扣3分，安装错误扣2分； （2）天线未安装牢固导致信号较弱扣2分		
5	专用变压器采集终端和电能表通信接线	用RS485线连接终端和电能表的485通信端口	5	（1）未正确选用RS485线扣2分； （2）A、B端口接线错误扣3分		
		用RS485线连接终端和电能表的脉冲通信端口	5	（1）未正确选用RS485线扣2分； （2）脉冲端口接线错误扣3分		
6	终端建档资料收集记录	记录专用变压器客户资料信息	2	正确记录客户名称和客户编号信息，每错误一处扣1分		

				评分标准			
序号	作业名称	质量要求	分值	扣分标准		扣分原因	得分
6	终端建档资料收集记录	记录专用变压器采集终端资料信息	5	正确记录客户专用变压器采集终端生产厂家、出厂编号、终端类型（GPRS/CDMA）、接线方式、终端地址信息，每错误一处扣1分			
		正确抄录电能表、电流互感器等计量装置相关信息	5	（1）正确记录电能表生产厂家、出厂编号、通信规约等信息，每错误一处扣1分；（2）正确记录互感器生产厂家、倍率等信息，每错误一处扣1分			
		正确抄录SIM卡信息	3	正确记录SIM卡卡号（ICCID号）、电话号码和对应运营商等信息，每错误一处扣1分			
7	完工检查	检查专用变压器采集终端、电能计量装置接线	5	（1）专用变压器采集终端接线检查，未检查接线扣2分；（2）电能计量装置接线检查，未检查接线扣3分			
		电能计量装置和专用变压器采集终端加封	5	（1）电能计量装置未加封扣3分，漏封每处扣1分；（2）专用变压器采集终端未加封扣2分			
8	安全文明生产	安全文明操作，不损坏工器具，不发生安全事故	15	（1）损坏设备仪器扣10分，跌落工器具每次扣2分；（2）未清理现场、未报完工各扣5分；（3）如发生危及人身和设备安全的操作行为，考生本项考试不及格			
考试开始时间				考试结束时间		合计	
考生栏		编号： 姓名： 所在岗位： 单位： 日期：					
考评员栏		成绩： 考评员： 考评组长：					

带电检查并更换公用变压器终端

一、施工

（一）工器具、材料、设备

（1）工器具：钳形万用表、试电笔、平口螺钉旋具、十字螺钉旋具。

（2）材料：记录纸、一次性铅封。

（3）设备：公用变压器终端（三合一集中器）、天线。

（二）安全要求

（1）现场设防护围栏、标示牌，配电柜下敷设绝缘垫。

（2）考生需穿工作服、绝缘鞋，戴安全帽及手套，口述工作票安全措施且由考评员许可后开工。

（3）操作过程中，考评员负责监护，如考生存在可能危及安全的操作，考评员有权终止考评，并取消考生本项考试资格。

（三）步骤及要求

（1）使用试电笔进行配电柜验电，检查计量装置封印、外观及接线是否正常。

（2）启封并检查公用变压器终端各项显示参数是否正常，抄录三合一集中器电量止码等信息。

（3）带电更换公用变压器终端。

1）将接线盒电压回路接线端子断开。

2）将接线盒电流回路接线端子可靠短接，做好记录。

3）通过测试工具验电，核实公用变压器终端接线端子侧无电压、电流后方可进行拆除操作。

4）将原公用变压器终端拆除，安装、更换新的公用变压器终端。

5）全部工作完毕，恢复公用变压器终端正常接线。

（四）完工检查

（1）检查电压、电流是否恢复正常，终端各项参数是否正确。

（2）对接线盒、公用变压器终端有关部位进行有效加封。

（3）清理工作现场、上交工作记录，报完工后撤离现场。

二、考核

（一）考核场地

考试在室内进行，相邻工位应确保距离合适，不应存在影响安全的其他因素。

（二）考核要点

1. 安全

（1）个人安全防护。

（2）安全措施执行。

2. 技能

（1）个人工器具的使用。

（2）终端设备的使用。

（3）操作规范性。

（4）记录完整性。

（三）考核时间

（1）考试总时间为 60min。

（2）许可开工后即开始计时，满 60min 终止考试。

（3）考试时间内，考生报完工后记录为考试结束时间。

三、评分参考标准

行业：电力工程　　　　　　　工种：电力负荷控制员　　　　　　　等级：四

编号	FK403	行为领域	e	鉴定范围	
考核时间	60min	题型	B	含权题分	50
试题名称	带电检查并更换公用变压器终端				
考核要点及其要求	（1）公用变压器终端检查及参数设置。 （2）公用变压器终端带电更换、安装。 （3）记录正确、完整				
现场设备、工器具、材料	（1）工器具：钳形万用表、试电笔、平口螺钉旋具、十字螺钉旋具。 （2）材料：记录纸、一次性铅封。 （3）设备：公用变压器终端（三合一集中器）、天线				
备注					

				评分标准		
序号	作业名称	质量要求	分值	扣分标准	扣分原因	得分
1	着装	需正确佩戴安全帽,穿工作服、绝缘鞋,工作过程中戴手套	5	(1)未穿工作服扣3分,工作服未系袖扣、敞怀各扣1分,其他每缺一项扣2分; (2)工作中脱安全帽及手套各扣2分; (3)未正确佩戴安全帽扣1分		
2	开工许可	口述安全措施并经许可后开工	5	(1)未口述安全措施扣3分,安全措施不完备扣1~2分; (2)未经许可进入工位该项不得分		
3	工器具使用	合理选择并正确使用工器具	5	(1)选择工器具不合理,每次扣1分; (2)使用工器具不正确,每次扣0.5分		
4	现场检查	首先使用试电笔进行配电柜验电	5	(1)未进行验电扣5分,验电操作不正确扣1分; (2)使用验电笔验电时,脱去手套不扣分		
		检查公用变压器终端是否正常	10	观察集中器顶层显示状态栏有无告警,信号强度是否正常;翻屏查看主显示画面、底层显示状态栏瞬时量、任务执行状态、与主站通信状态等是否正常;观察终端各类指示灯指示是否正常;检查终端任务是否下发并启用、运行参数是否设置正确、各项参数是否下发;测量终端供电电压、电流是否正常,确保电源正确接入;用万用表测量电能表RS485通信口电压是否正常。未检查扣10分,每漏检一处扣1分		
		检查记录终端计量部分异常报警	10	应检查日历、时钟、时段设置、电池状态,以及失压、断流记录等显示项,未检查扣10分,每处异常漏检或未记录扣2分		

评分标准						
序号	作业名称	质量要求	分值	扣分标准	扣分原因	得分
5	更换安装	联合接线盒电压、电流回路安全措施	10	将接线盒电压回路接线端子断开，将接线盒电流回路接线端子可靠短接，做好记录。未操作或操作错误，立即停止考试		
		第二次验电操作	5	通过钳形万用表验电，核实公用变压器终端端子侧无电压、电流后方可进行拆除操作。未操作扣5分，其他漏项、错项每处扣2分		
		安装公用变压器终端	10	正确拆除原公用变压器终端，按先相线后零线顺序拆除电压线，电流线按 U \ V \ W 顺序拆除；安装新终端，完成接线，按先零线后相线顺序接入电压线，电流线按 U \ V \ W 顺序接入。未操作扣10分，顺序错误扣5分，漏项、错项每处扣2分		
		恢复联合接线盒电压、电流回路	5	恢复电压回路、电流回路正常工作，未操作扣5分，其他漏项、错项每处扣2分		
6	完工检查	用测试装置检查电压、电流是否恢复正常，终端各项参数是否正确	10	未检查扣10分，漏封每处扣2分		
		公用变压器终端、联合接线盒加封	5	未加封扣5分，漏封每处扣2分		
7	安全文明生产	安全文明操作，不损坏工器具，不发生安全事故	15	（1）跌落工具每次扣2分，损坏仪器扣10分；（2）未清理现场、未报完工各扣5分；（3）如发生电压回路短路、电流回路开路等危及安全的操作，考生本项考试不及格		
考试开始时间			考试结束时间		合计	
考生栏		编号：	姓名：	所在岗位：	单位：	日期：
考评员栏		成绩：	考评员：		考评组长：	

一、施工

(一) 工器具、材料、设备

（1）工器具：万用表、试电笔、平口螺钉旋具、十字螺钉旋具、连接线。

（2）材料：记录纸、一次性铅封。

（3）设备：专用变压器终端、外置天线。

(二) 安全要求

（1）现场设防护围栏、标示牌，配电柜下敷设绝缘垫。

（2）考生需穿工作服、绝缘鞋，戴安全帽及手套，口述安全措施且由考评员许可后开工。

（3）操作过程中，考评员负责监护，如考生存在可能危及安全的操作，考评员有权终止考评，并取消考生本项考试资格。

(三) 步骤及要求

（1）使用试电笔进行配电柜验电，检查计量装置封印、外观及接线是否正常。

（2）启封并检查专用变压器终端各项显示参数是否正常，抄录电能表止码等信息。

（3）带电更换专用变压器终端。

1）将接线盒电压回路接线端子断开。

2）将接线盒电流回路接线端子可靠短接，做好记录。

3）通过测试工具验电，核实专用变压器终端接线端子侧无电压、电流后方可进行拆除操作。

4）将原专用变压器终端拆除，安装、更换新的专用变压器终端。

5）全部工作完毕，恢复专用变压器终端正常接线。

(四) 完工检查

（1）检查电压、电流是否恢复正常，终端各项参数是否正确。

（2）对接线盒、专用变压器终端有关部位进行有效加封。

（3）清理工作现场、上交工作记录，报完工后撤离现场。

二、考核

（一）考核场地

考试在室内进行，相邻工位应确保距离合适，不应存在影响安全的其他因素。

（二）考核要点

1. 安全

（1）个人安全防护。

（2）安全措施执行。

2. 技能

（1）个人工器具的使用。

（2）终端设备的使用。

（3）操作规范性。

（4）记录完整性。

（三）考核时间

（1）考试总时间为 60min。

（2）许可开工后即开始计时，满 60min 终止考试。

（3）考试时间内，考生报完工后记录为考试结束时间。

三、评分参考标准

行业：电力工程　　　　　　工种：电力负荷控制员　　　　等级：四

编号	FK404	行为领域	e	鉴定范围	
考核时间	60min	题型	B	含权题分	50
试题名称	带电检查并更换专用变压器终端				
考核要点及其要求	（1）专用变压器终端检查及参数设置。 （2）专用变压器终端带电更换安装。 （3）记录正确、完整				
现场设备、工器具、材料	（1）工器具：万用表、试电笔、平口螺钉旋具、十字螺钉旋具、短接线。 （2）材料：记录纸、一次性铅封。 （3）设备：专用变压器终端、外置天线				
备注	采集终端作业现场记录单见 FK502 附 1				

序号	作业名称	质量要求	分值	扣分标准	扣分原因	得分
				评分标准		
1	着装	需正确佩戴安全帽，穿工作服、绝缘鞋，工作过程中戴手套	5	（1）未穿工作服扣3分，工作服未系袖扣、敞怀各扣1分，其他每缺一项扣2分；（2）工作中脱安全帽及手套各扣2分；（3）未正确佩戴安全帽扣1分		
2	开工许可	口述安全措施并经许可后开工	5	（1）未口述安全措施扣3分，安全措施不完备扣1～2分；（2）未经许可进入工位该项不得分		
3	工器具使用	合理选择并正确使用工器具	5	（1）选择工器具不合理，每次扣1分；（2）使用工器具不正确，每次扣0.5分		
4	现场检查	首先使用试电笔进行配电柜验电	5	（1）未进行验电扣5分，验电操作不正确扣1分；（2）使用验电笔验时，脱去手套不扣分		
		检查专用变压器终端是否正常	10	观察终端顶层显示状态栏有无告警，信号强度是否正常；翻屏查看主显示画面、底层显示状态栏瞬时量、任务执行状态、与主站通信状态等是否正常；观察终端各类指示灯指示是否正常；检查终端任务是否下发并启用、运行参数是否设置正确、各项参数是否下发；测量终端供电电压、电流是否正常，确保电源正确接入；用万用表测量电能表RS485通信口电压是否正常。未检查扣10分，每处漏检扣1分		
		检查电能表各项显示，发现并记录电能表异常报警	10	应检查日历、时钟、时段设置、电池状态，以及失压、断流记录等显示项，未检查扣10分，每处异常漏检或未记录扣2分		

		评分标准					
序号	作业名称	质量要求	分值	扣分标准		扣分原因	得分
5	更换安装	联合接线盒电压、电流回路安全措施	10	将接线盒电压回路接线端子断开；将接线盒电流回路接线端子可靠短接，做好记录。未操作或操作错误，立即停止考试			
		第二次验电操作	5	通过钳形万用表验电，核实专用变压器终端端子侧无电压、电流后方可进行拆除操作。未操作扣5分，其他漏项、错项每处扣2分			
		安装专用变压器终端	10	正确拆除原专用变压器终端。按先相线后零线顺序拆除电压线。拆除485通信线。安装新终端，完成接线。按先零线后相线顺序接入电压线。正确接入485通信线。未操作扣10分，顺序错误扣5分，每处漏项、错项扣2分			
		恢复联合接线盒电压、电流回路	5	恢复三相电压回路、三相电流回路正常工作，未操作扣5分，其他漏项、错项每处扣2分			
6	完工检查	用测试装置检查电压是否恢复正常，终端各项参数是否正确	10	未检查扣10分，漏封每处扣2分			
		专用变压器终端、联合接线盒加封	5	未加封扣5分，漏封每处扣2分			
7	安全文明生产	安全文明操作，不损坏工器具，不发生安全事故	15	（1）跌落工器具每次扣2分，损坏仪器扣10分；（2）未清理现场、未报完工各扣5分；（3）如发生电压回路短路、电流回路开路等危及安全的操作，考生本项考试不及格			
考试开始时间				考试结束时间		合计	
考生栏		编号：	姓名：		所在岗位：	单位：	日期：
考评员栏		成绩：	考评员：			考评组长：	

一、操作

（一）工器具、材料

（1）工器具：函数计算器、黑色中性书写笔、B2 铅笔、电工绘图模板。

（2）材料：含不同测量点的编号地图、答题 A4 白纸、三色彩色草稿纸等。

（二）安全要求

考生需穿工作服。

（三）步骤及要求

（1）分析地图背景，按照要求确定测量点、导航路径。

（2）基本操作。

1）开机：握住水平定位仪使其内部天线水平面面向天空，持续按灯泡键约 1s 即出现开机画面，接下来显示接收状态（卫星捕捉）画面。

2）亮度调整：短暂按灯泡键即可调整屏幕的背景光，夜间光线不好时使用。

3）关机：按住灯泡键 3s 直至显示消失。

（3）自动定位。开机等待，当接收到三颗以上的卫星时，卫星状态图进入定位画面。定位画面第一行为方向标尺，为航向的方向与北的夹角；第二行为航向和航速的数字表示，航向与第一行意义相同，表示方法不同；航向航速只有接收机在运动时才能使用，表示当前运动的方向和速度；第三行为航程和高度，航程相当于里程表、高度在 3D 定位时有效，利用高度可以测量两个不同航点的相对高度；第四行为当前接收机的北纬和东经值；最后一行为当前的 GPS 时间。

（4）导航。按导航键，显示航点画面；选中要驶向的航点编号或名称；确认后，GPS 自动转至导航画面，并计算出到现在的方位角和所走的里程等导航参数；按翻页键至罗盘或高速公路画面，按航迹导航。

二、考核

（一）考核场地

（1）考场可以设在培训的地方进行。单人桌椅、分组、分区已定置就位。

（2）分区设置明显的隔离围栏。

（3）按参加考核人员的数量配备工具、材料。

（4）设置评判桌椅和倒计时语音计时器。

（二）考核要点

1. 安全文明行为

（1）个人安全防护。

（2）遵守考场规定。

2. 技能

（1）地图及设备的正确运用。

（2）距离、高度的准确计算。

（3）相关信息确认的精确、规范。

（4）记录完整。

（三）考核时间

（1）考试总时间为 25min。

（2）许可开工后即开始计时，满 25min 终止考试。

（3）考试时间内，考生交卷离场后记录为考试结束时间。

三、评分参考标准

行业：电力工程　　　　　　工种：电力负荷控制员　　　　　　等级：四

编号	FK405	行为领域	e	鉴定范围	
考核时间	25min	题型	A	含权题分	25
试题名称	卫星定位仪的使用				
考核要点及其要求	（1）根据地图或地理数据运用 GPS 设备。 （2）确定的信息精确、规范				
现场设备、工器具、材料	（1）工器具：函数计算器、黑色中性书写笔、B2 铅笔、电工绘图模板。 （2）材料：含不同客户背景（计算参数：电压、负荷、用电类别等）的编号试卷、答题 A4 白纸、三色彩色草稿纸等				
备注					

			评分标准				
序号	考核要点	质量要求	分值	扣分标准	扣分原因	得分
1	检查工器具、材料	根据工作要求检查工器具及材料等	5	（1）未检查的扣5分；（2）漏、错检查每一件扣1分，最多扣5分		
2	着装、穿戴	工作服、工作鞋等穿戴正确	5	不按规定穿着扣5分		
3	地图运用	识图准确、判定明晰	15	（1）未准确识图扣15分；（2）未明晰、遗漏的每处扣5分		
4	经纬度的确定	正确无误	20	（1）不正确扣20分；（2）漏项每处扣5分		
5	授时的确定	精确规范	15	（1）不正确扣15分；（2）漏项每处扣5分		
6	导航	准确到达	20	（1）未准确到达扣20分；（2）漏项每处扣10分		
7	清理现场	交卷前清理工具、答卷等；定置归位	10	（1）交卷前不清理扣5分；（2）不定置归位每件扣3分		
8	安全文明生产	文明答题，禁止交谈、讨论，不损坏工器具，不发生作弊等违规行为	10	（1）有作弊行为本题不得分；（2）交谈讨论每次扣20分；（3）损坏工具每件扣10分		
考试开始时间				考试结束时间		合计	
考生栏	编号：	姓名：		所在岗位：	单位：	日期：	
考评员栏	成绩：	考评员：			考评组长：		

一、操作

（一）工器具、材料准备

（1）工器具：碳素笔、螺钉旋具、尖嘴钳、万用表、抄控器、电工个人组合工具、梯子。

（2）材料：故障分析处理单、一次性铅封。

（3）设备：装有智能电能表模拟装置 4 台。

（二）安全要求

（1）正确使用第二种工作票，工作服、安全帽、绝缘鞋良好、符合安全要求。

（2）进入现场检查过程中，分清高低压设备，距高压设备保持安全距离。

（3）用万用表检查柜体是否带电。

（4）登高作业时应系好安全带，使用梯子登高作业时，应有人扶梯。

（5）发现客户违规应做好记录，及时通知相关人员处理。

（三）步骤及要求

智能电能表功能检查、判断。

二、考核

（一）考核场地

（1）同时容纳 4 个工位模拟装置，每个工位配有考生书写桌椅。

（2）室内备有三相电源 4 处以上（保护接地）。

（3）设置 2 套评判桌椅和计时秒表。

（二）考核要点

（1）给定条件：在智能电能表仿真装置上进行检查；办理了第二种工作票，现场已布置好安全措施。

（2）正确、规范使用工具、仪器、仪表，带电检查智能电能表并判断相应功能做记录。

（3）检查智能表显示和测量、时钟、时段、冻结、报警（功率方向、电压相序、失电压、断电压、电流不平衡、断电流、电池电压不足）、存储器归零、电量是否丢失、费控功能、电价设置是否正确、通信是否正常、拉闸是否有误、跳闸是否正常、囤积金额情况、密钥是否正常。

(4) 正确填写智能电能计量表，检查判断记录单。

(三) 考核时间

(1) 考核时间为 25min。

(2) 办理工作票手续完备。

(3) 仪器、仪表、工具正确使用。

(4) 填写检查业务单。

(5) 智能电能表检查、判断。

(6) 安全文明生产。

三、评分参考标准

行业：电力工程　　　　　　工程：电力负荷控制员　　　　　　等级：四

编号	FK406	行为领域	e	鉴定范围	
考核时间	25min	题型	C	含权题分	20
试题名称	智能电能表常用功能检查、判断				
考核要点及其要求	(1) 给定条件：在智能电能表仿真装置上进行检查；办理了第二种工作票，现场已布置好安全措施。 (2) 正确、规范使用工具、仪器、仪表，带电检查智能电能表并判断相应功能做记录。 (3) 检查智能表显示和测量、时钟、时段、冻结、报警（功率方向、电压相序、失电压、断电压、电流不平衡、断电流、电池电压不足）、存储器归零、电量是否丢失、费控功能、电价设置是否正确、通信是否正常、拉闸是否有误、跳闸是否正常、囤积金额情况、密钥是否正常。 (4) 正确填写智能电能计量表，检查判断记录单				
现场设备、工器具、材料	(1) 智能电能表仿真装置。 (2) 提供指针式万用表、线手套、扎带、一次性铅封、螺钉旋具。 (3) 考生自备工作服、安全帽、绝缘鞋、电工个人组合工具、文具				
备注					
评分标准					

序号	作业名称	质量要求	分值	扣分标准	扣分原因	得分
1	开工准备	(1) 穿工作服、绝缘鞋，戴安全帽、棉线手套。 (2) 所需仪表及配件准备齐全并检查完好。 (3) 履行开工手续后，对设备外壳验电	5	(1) 着装每一项不符合要求扣1分； (2) 未准备、检查缺一项扣1分； (3) 现场未验电或验电方式不正确扣2分； (4) 未按开工前交代措施扣1分		

		评分标准				
序号	作业名称	质量要求	分值	扣分标准	扣分原因	得分
2	仪表使用	仪表使用应正确、规范	5	(1) 仪表使用错误每次扣 2 分（如挡位使用错误、带电切换挡位等）； (2) 出现仪表掉落，一次扣 1 分		
3	检查智能表显示和测量	自动轮显、数据清晰、功率方向、电压相序、失电压、断电压、电流平衡、断电流、电池电压不足检查、自检功能报错	15	每少检查一项扣 2 分		
4	检查时钟、时段、冻结、报警功能	(1) 正确检查判断时钟、时段、冻结数据。 (2) 正确检查、判断报警情况	20	(1) 时钟、时段、冻结少一项扣 5 分； (2) 报警检查少一项扣 1 分		
5	检查存储器	存储器归零、电量是否丢失、费控功能、电价设置是否正确	20	每掉落一次扣 5 分		
6	检查通信	检查 485 通信、载波通信、红外通信及下发指令是否正常	20	每掉落或错一项扣 5 分		
7	检查跳闸、囤积、密钥	跳闸是否正常、囤积金额情况、密钥是否正常	10	每掉落或错一项，扣 5 分		
8	文明生产	操作结束后，清理现场，恢复原状，将记录上交裁判，退出比赛场地；答卷填写应使用蓝（黑）色钢笔或签字笔，字迹清晰、卷面整洁，严禁随意涂改	5	(1) 缺 1 个封印扣 1 分； (2) 现场清理不彻底扣 2 分，未清理扣 3 分； (3) 笔未按规定使用，不得分； (4) 字迹潦草，难以分辨，不得分； (5) 涂改过两处予以扣分，每增加一处扣 1 分		
考试开始时间			考试结束时间		合计	
考生栏	编号：　　姓名：			所在岗位：　　　单位：　　　日期：		
考评员栏	成绩：　　考评员：			考评组长：		

FK406 附：智能电能表功能检查、判断记录

智能电能表功能检查、判断记录

名称					编号					日期	
电压					电流					相序	
正向有功止码	总	峰	平	谷	反向有功止码	总	峰	平	谷	无功止码	
作业内容											

审核：   记录：

FK407 功率测试仪的使用

一、操作

(一) 工器具、设备

(1) 工器具：扳手，平口、十字螺钉旋具（大、中、小号），尖嘴钳，老虎钳，剥线钳，万用表等。

(2) 设备：SX 系列功率计（附带标准负荷）、标准信号发生器、230 电台及天线等。

(二) 安全要求

(1)（现场测量时）填用第二种工作票。

(2)（现场测量时）完成工作许可制度。

(3) 防止测量时高频电缆开路或短路损坏电台。

(三) 步骤及要求

1. 设备的连接

将终端电台与天线断开，用 50Ω 同轴电缆将功率计背部 TX 孔与负控终端电台输出连接，ANT 孔与天线的同轴电缆连接。

2. 测量发射功率 (FWD)

将仪表按要求连接，并检查表计外观和零位指示是否正常后进行如下操作：

(1) FUNCTION 开关置于 POWER 位置。

(2) POWER 开关置于发射功率 (FWD) 位置。

(3) RANGE 开关根据设备的输出功率大小选择适当的位置（如终端的输出功率一般小于 10W，则将开关选择在 20W 挡；主站设备的输出功率约为 25W，则将功能开关选择在 200W 挡；对于部分设备输出功率的大小不能确定时，尽量选择最大功率挡，再根据实测结果进行调整）。

(4) 将 AVG/PEP MONI 开关置于弹出位置。

(5) 启动终端强制通话，使通话指示灯点亮，按下通话 PTT 按键，使电台发出载波。

（6）读取表头相应挡位的指针指示即为电台的发射功率的平均值。

（7）如要测量峰值功率，将 AVG/PEP MONI 开关置于压下位置，按下通话 PTT 按键并喊话或注入信号，表头能根据话筒送出的声音或注入的信号进行同步指示，并按比例显示功率。

二、考核

（一）考核场地

（1）同时容纳 4 个工位模拟装置，每个工位配有考生书写桌椅。

（2）室内备有三相电源 4 处以上（保护接地）。

（3）设置 2 套评判桌椅和计时秒表。

（二）考核要点

（1）安全、技术措施的落实。

（2）按符合要求的技术指标测试。

（3）防止仪器损坏。

（三）考核时间

（1）考核时间为 30min，从了解题目后，许可开始起计时。

（2）现场清理完毕后，汇报工作终结，记录考核结束时间。

三、评分参考标准

行业：电力工程　　　　　工种：电力负荷控制员　　　　　等级：四

编号	FK407	行为领域	e	鉴定范围	
考核时间	30min	题型	B	含权题分	25
试题名称	功率测试仪的使用				
考核要点及其要求	（1）安全、技术措施的落实。 （2）按符合要求的技术指标测试。 （3）防止仪器损坏				
现场设备、工器具、材料	（1）工器具：扳手，平口、十字螺钉旋具（大、中、小号），尖嘴钳，老虎钳，剥线钳，万用表等。 （2）设备：SX 系列功率计（附带标准负荷）、标准信号发生器、230 电台及天线等				
备注					

序号	作业名称	质量要求	分值	扣分标准	扣分原因	得分
				评分标准		
1	着装	需正确佩戴安全帽,穿工作服、绝缘鞋,工作过程中戴手套	5	(1)未穿工作服扣3分,工作服未系袖扣、敞怀各扣1分,其他每缺一项扣2分; (2)工作中脱安全帽及手套各扣2分; (3)未正确佩戴安全帽扣1分		
2	工器具、材料准备	(1)一次性选好所需工具; (2)一次性准备好需要的测量仪器、仪表	5	(1)缺一项工器具扣5分; (2)缺一仪表扣10分		
3	安全工作	(1)按要求填写第二种工作票; (2)登高作业时防止高处坠落或坠物伤人或损坏设备; (3)做好防止误动开关的安全措施	10	(1)开工、完工未履行手续扣10分; (2)工作过程中安全措施执行不到位扣5分		
4	标准信号发生器检查、调整	严格控制输入信号频率、电平及输入阻抗	10	(1)未检查、调整频率扣5分; (2)未检查、调整电平扣5分; (3)未检查输出阻抗扣5分		
5	功率计及标准负荷检查、调整	按电台输出功率要求范围、负荷功率及阻抗检查、调整	10	(1)未检查、调整输出功率范围扣5分; (2)未检查、调整负荷功率及阻抗扣5分		
6	测量发射功率	(1)设备连接正确; (2)操作规范,不损坏设备; (3)数据读取正确; (4)结论正确	50	(1)连接错误不得分; (2)损坏设备不得分; (3)结论错误不得分; (4)数据读取错误扣40分		
7	安全文明生产	安全文明操作,不发生安全事故	10	(1)跌落工器具每次扣2分; (2)未清理现场、未报完工各扣5分		
考试开始时间				考试结束时间		合计
考生栏	编号:	姓名:		所在岗位:	单位:	日期:
考评员栏	成绩:	考评员:			考评组长:	

一、操作

（一）工器具、材料

（1）工器具：电工个人组合工具 1 套、电子式万用表 1 只、25W 电烙铁 1 个、剪刀 1 把、锉刀 1 把、划线笔 1 支。

（2）材料：焊锡适量、助焊剂 1 盒、1/2 普通 50Ω 同轴电缆馈线适量、N-J 1/2 S 馈线电缆接头 1 个、23 号乙丙橡胶自粘防水胶带适量、$1.5 \times 0.8 m^2$ 干净的工作台垫 1 块、抹布适量。

（二）安全要求

（1）使用刻刀、电钻等时防止物理伤害。

（2）使用电源时防止触电等。

（3）使用电烙铁时防止烫伤及引起火灾。

（三）步骤及要求

（1）选择合适的制作工具。

（2）选择合适的电缆头配件材料。

（3）拆卸电缆接头配件，按顺序摆放。

（4）按正确方向依次套入电缆头，收紧螺母、防水密封胶套。

（5）取合适长度开电缆外皮，开口平整。

（6）套入屏蔽层外垫圈，贴合外皮开口。

（7）均匀分开屏蔽线至外垫圈。

（8）套入屏蔽层内垫圈并使内外垫圈压紧屏蔽线。

（9）剪去多余的屏蔽线。

（10）沿屏蔽层内垫圈开芯线包裹层，要求开口平整不伤芯线。

（11）去芯线氧化层加焊锡，焊接电缆接头头芯。

（12）依次装入其他组件并紧固，完成防潮处理。

二、考核

（一）考核场地

(1) 同时容纳 4 个工位模拟装置，每个工位配有考生书写桌椅。

(2) 室内备有三相电源 4 处以上（保护接地）。

(3) 设置 2 套评判桌椅和计时秒表。

（二）考核要点

(1) 选择合适的制作工具。

(2) 选择合适的电缆头配件材料。

(3) 制作电缆头过程要求清洁、无污损。

(4) 焊接点牢靠、光洁。

(5) 组装接头元件次序规范正确。

（三）考核时间

(1) 考核时间为 30min，从了解题目后，许可开始起计时。

(2) 现场清理完毕后，汇报工作终结，记录考核结束时间。

三、评分参考标准

行业：电力工程　　　　　　工种：电力负荷控制员　　　　　　等级：四

编号	FK408	行为领域	e	鉴定范围	
考核时间	30min	题型	A	含权题分	25
试题名称	天线馈线接头的制作				
考核要点及其要求	(1) 选择合适的制作工具。 (2) 选择合适的电缆头配件材料。 (3) 制作电缆头过程要求清洁、无污损。 (4) 焊接点牢靠、光洁。 (5) 组装接头元件次序规范正确				
现场设备、工器具、材料	(1) 工器具：电工个人组合工具 1 套、电子式万用表 1 只、25W 电烙铁 1 个、剪刀 1 把、锉刀 1 把、划线笔 1 支。 (2) 材料：焊锡适量、助焊剂 1 盒、1/2 普通 50Ω 同轴电缆馈线适量、N-J 1/2 S 馈线电缆接头 1 个、23 号乙丙橡胶自粘防水胶带适量、1.5×0.8m² 干净的工作台垫 1 块、抹布适量				
备注					

评分标准						
序号	作业名称	质量要求	分值	扣分标准	扣分原因	得分
1	着装	需正确佩戴安全帽，穿工作服、绝缘鞋，工作过程中戴手套	5	（1）未穿工作服扣3分，工作服未系袖扣、敞怀各扣1分，其他每缺一项扣2分； （2）工作中脱安全帽及手套各扣2分； （3）未正确佩戴安全帽扣1分		
2	工器具、材料准备	一次准备齐全	20	（1）缺工器具扣5分； （2）缺一材料扣10分		
3	安全工作	安全组织、技术措施落实： （1）开工； （2）工作全过程； （3）完工	15	（1）开工、完工未履行手续扣10分； （2）工作过程安全措施执行不到位扣5分		
4	馈线电缆头的拆分检查	（1）拆卸电缆接头配件，按顺序摆放； （2）检查是否齐全	10	有缺损但未检出扣10分		
5	焊接组装	（1）按正确方向依次套入电缆头，收紧螺帽、防水密封胶套； （2）取合适长度开电缆外皮，开口平整； （3）套入屏蔽层外垫圈，贴合外皮开口； （4）均匀分开屏蔽线至外垫圈； （5）套入屏蔽层内垫圈并使内外垫圈压紧屏蔽线； （6）剪去多余的屏蔽线； （7）沿屏蔽层内垫圈开芯线包裹层，要求开口平整不伤芯线； （8）去芯线氧化层加焊锡，焊接电缆接头头芯； （9）依次装入其他组件并紧固，注意防潮	35	（1）组装错误扣35分； （2）组装不到位扣10分； （3）虚焊或短路扣20分； （4）未做防水处理扣10分		

评分标准						
序号	作业名称	质量要求	分值	扣分标准	扣分原因	得分
6	安全文明生产	安全文明操作，不损坏工器具，不发生安全事故	15	（1）跌落工器具每次扣2分，损坏仪器扣10分； （2）未清理现场、未报完工各扣5分		
考试开始时间			考试结束时间		合计	
考生栏	编号：	姓名：	所在岗位：	单位：		日期：
考评员栏	成绩：	考评员：		考评组长：		

一、操作

（一）工器具、材料

（1）工器具：电工个人组合工具1套、电子式万用表1块、25W电烙铁1个、手电钻1个。

（2）材料：焊锡适量、助焊剂1盒、QX-220-240-6套件之一全向天线振子1个、QX-220-240-6套件之一基座及匹配器1个、1/2普通50Ω同轴电缆馈线适量、N-J1/2S馈线电缆接头1个、QX-220-240-6套件之一安装基座1个、23号乙丙橡胶自粘防水胶带适量、配合基座及振子尺寸用螺栓螺母适量、配合基座及振子尺寸用垫圈适量、配合基座及振子尺寸用手电钻钻头1套。

（二）安全要求

（1）使用刻刀、电钻等时防止物理伤害。

（2）使用电源时防止触电等。

（3）使用电烙铁时防止烫伤及引起火灾。

（三）步骤与要求

（1）选择合适的制作工具。

（2）选择合适的电缆头配件材料。

（3）拆卸电缆接头配件，按顺序摆放。

（4）按正确方向依次套入电缆头，收紧螺母、防水密封胶套。

（5）取合适长度开电缆外皮，开口平整。

（6）套入屏蔽层外垫圈，贴合外皮开口。

（7）均匀分开屏蔽线至外垫圈。

（8）套入屏蔽层内垫圈并使内外垫圈压紧屏蔽线。

（9）剪去多余的屏蔽线。

（10）沿屏蔽层内垫圈开芯线包裹层，要求开口平整不伤芯线。

（11）去芯线氧化层加焊锡，焊接电缆接头头芯。

(12) 依次装入其他组件并紧固，完成防潮处理。

二、考核

（一）考核场地

(1) 同时容纳 4 个工位模拟装置，每个工位配有考生书写桌椅。

(2) 室内备有三相电源 4 处以上（保护接地）。

(3) 设置 2 套评判桌椅和计时秒表。

（二）考核要点

(1) 正确组装天线及基座。

(2) 选择合适的馈线及接口。

(3) 按要求组装电缆及接头。

(4) 按极化方向要求完成天线安装及防潮处理。

（三）考核时间

(1) 考核时间为 45min，从了解题目后，许可开始后起计。

(2) 现场清理完毕后，汇报工作终结，记录考核结束时间。

三、评分参考标准

行业：电力工程　　　　　工种：电力负荷控制员　　　　等级：四

编号	FK409	行为领域	e	鉴定范围	
考核时间	45min	题型	A	含权题分	35
试题名称	全向天线的组装				
考核要点及其要求	（1）正确组装天线及基座。 （2）选择合适的馈线及接口。 （3）按要求组装电缆及接头。 （4）按极化方向要求完成天线安装及防潮处理				
现场设备、工器具、材料	（1）工器具：电工个人组合工具 1 套、电子式万用表 1 块、25W 电烙铁 1 个、手电钻 1 个。 （2）材料：焊锡适量、助焊剂 1 盒、QX-220-240-6 套件之一全向天线振子 1 个、QX-220-240-6 套件之一基座及匹配器 1 个、1/2 普通 50Ω 同轴电缆馈线适量、N-J1/2 S 馈线电缆接头 1 个、QX-220-240-6 套件之一安装基座 1 个、23 号乙丙橡胶自粘防水胶带适量、配合基座及振子尺寸用螺栓螺母适量、配合基座及振子尺寸用垫圈适量、配合基座及振子尺寸用手电钻钻头				
备注					

		评分标准				
序号	作业名称	质量要求	分值	扣分标准	扣分原因	得分
1	着装	需正确佩戴安全帽,穿工作服、绝缘鞋,工作过程中戴手套	5	(1)未穿工作服扣3分,工作服未系袖扣、敞怀各扣1分,其他每缺一项扣2分; (2)工作中脱安全帽及手套各扣2分; (3)未正确佩戴安全帽扣1分		
2	工器具、材料准备	一次准备齐全	20	(1)缺工器具扣5分; (2)缺一材料扣10分		
3	安全工作	安全组织、技术措施落实: (1)开工; (2)工作全过程; (3)完工	15	(1)开工、完工未履行手续扣10分; (2)工作过程安全措施执行不到位扣5分		
4	天线振子及馈线、基座组装	(1)正确组装天线及基座; (2)选择馈线及电缆头规格	10	规格不匹配一件扣10分		
5	电缆裁剪及电缆头制作	要求见FK408	25	制作错误扣15分,不规范扣3~10分		
6	按极化要求完成天线安装	按极化方向要求完成安装	10	(1)方向错误扣10分; (2)未做防潮极化处理扣5分		
7	安全文明生产	安全文明操作,不损坏工器具,不发生安全事故	15	(1)跌落工器具每次扣2分,损坏仪器扣10分; (2)未清理现场、未报完工各扣5分		
考试开始时间			考试结束时间		合计	
考生栏	编号: 姓名: 所在岗位: 单位: 日期:					
考评员栏	成绩: 考评员: 考评组长:					

FK410 编制专用变压器客户的采集方案

一、施工

（一）设备

客户高、低压配电柜（要求有进线柜、高压计量柜、TV 柜、高压出线柜、变压器、低压总柜、低压出线柜，任意型号、规格、厂家均可，仅需模拟客户用电环境，运行及计量方式可根据实际情况设定，但起码应包括一个高压总表计量点和低压分表计量点），若实物现场布置有困难，计算机上可模拟实现勘查现场亦可。

（二）安全要求

操作过程中，考评员负责监护，如考生存在可能危及安全的操作，考评员有权终止考评，并取消考生本项考试资格。

（三）步骤及要求

（1）按照工作内容正确填写工作票，按章履行工作票制度。

（2）勘察客户运行方式及计量方案，画出一、二次系统图。

（3）测试、核实现场无线公网信号强度。

（4）确定终端安装数量和位置，在系统图上标出。

（5）确定终端电源取点，在系统图上标出。

（6）确定现场施工应填票种、危险点及安全措施。

（7）形成最终勘察结果及采集方案意见。

（四）完工检查

（1）再次核对勘查结果及采集方案相关信息。

（2）清理工作现场、上交工作记录，报完工后撤离现场。

二、考核

（一）考核场地

考试在实物现场进行，不应存在影响安全的其他因素；或者电脑模拟环境下进行。

(二)考核要点

1.安全

(1)个人安全防护。

(2)安全措施执行。

2.技能

(1)工作票的填写。

(2)专用变压器采集方案的制定。

(3)勘察单填写规范性。

(4)记录完整性。

(三)考核时间

(1)考试总时间为30min。

(2)许可开工后即开始计时,满30min终止考试。

(3)考试时间内,考生报完工后记录为考试结束时间。

三、评分参考标准

行业:电力工程　　　　工种:电力负荷控制员　　　　等级:四

编号	FK410	行为领域	e	鉴定范围	
考核时间	30min	题型	C	含权题分	25
试题名称	编制专用变压器客户的采集方案				
考核要点及其要求	(1)工作票的正确填写。 (2)专用变压器采集方案的制定。 (3)勘察单填写规范性。 (4)记录完整性				
现场设备、工器具、材料	客户高、低压配电柜(要求有进线柜、高压计量柜、TV柜、高压出线柜、变压器、低压总柜、低压出线柜,任意型号、规格、厂家均可,仅需模拟客户用电环境,运行及计量方式可根据实际情况设定,但起码应包括一个高压总表计量点和低压分表计量点),若实物现场布置有困难,计算机上可模拟实现勘查现场亦可				
备注					
评分标准					

序号	作业名称	质量要求	分值	扣分标准	扣分原因	得分
1	着装	需正确佩戴安全帽,穿工作服、绝缘鞋,工作过程中戴手套	10	(1)未穿工作服扣3分,工作服未系袖口、敞怀各扣1分,其他每缺一项扣2分; (2)工作中脱安全帽及手套各扣2分; (3)未正确佩戴安全帽扣1分		

		评分标准				
序号	作业名称	质量要求	分值	扣分标准	扣分原因	得分
2	勘察工作票填写	正确填写勘察工作票，正确履行工作票制度	10	（1）工作票种填写不正确扣10分；（2）工作票内容填写不规范、履行不正确，每次扣0.5分		
3	初步勘察	按照现场运行情况，正确画出客户一、二次系统图	20	一、二次系统图不规范，每处扣1分		
		利用SIM卡测试仪器测试现场无线公网信号强度	10	未正确测量得出结论的扣10分		
4	确定终端安装位置、数量及电源取点	根据客户运行方式及计量方案，确定终端安装位置，要求选取独立的安装位置；确定安装数量，要求使用尽量少的终端数量抄回所有电能表，终端与电能表相距50m以上要求单独加装终端；确定终端电源取点，要求电源长期有点可靠，优先取二次侧低压总柜出线母排开关上端，其次选取一次侧操作TV电源	20	（1）功能选择不正确的扣3分；（2）测试结论不正确的扣2分		
5	形成最终采集方案勘察结果	规范、完整填写勘察单，注明安装施工应填写票种、危险点分析、安全措施及注意事项	20	标示不清楚、完整，表述不清晰、正确，每处扣3分		
6	安全文明生产	安全文明操作，不损坏工器具，不发生安全事故	10	（1）跌落工器具每次扣2分，损坏仪器扣10分；（2）未清理现场、未报完工各扣5分		
考试开始时间			考试结束时间		合计	
考生栏	编号： 姓名：		所在岗位：	单位：	日期：	
考评员栏	成绩： 考评员：			考评组长：		

FK411 全载公用变压器台区采集方案的编制

一、施工

(一) 设备

电脑（带 CAD 绘图软件）。

(二) 安全要求

操作过程中，考评员负责监护，如考生存在可能危及安全的操作，考评员有权终止考评，并取消考生本项考试资格。

(三) 步骤及要求

(1) 调出 CAD 软件中低压台区示意图（包括线路情况、楼栋分布地理信息等），并打印。

(2) 分析台区情况，根据低压线路走向及台区信息，确认集中器安装位置及电源取点。

(3) 确定水泵、发电机等大功率干扰源位置，并制订抗干扰方案。

(4) 在示意图上进行标示，并形成文字方案说明。

(四) 完工检查

(1) 再次核对结果及采集方案相关信息。

(2) 清理工作现场、上交工作记录，报完工后撤离现场。

二、考核

(一) 考核场地

考试在室内进行，相邻工位应确保距离合适，不应存在影响安全的其他因素。

(二) 考核要点

1. 安全

按照 Q/GDW 1799.1—2013《国家电网公司电力安全工作规程 变电部分》要求进行现场安全防护。

2. 技能

(1) CAD 识图。

（2）公用变压器台区全载波采集方案的制定。

（3）记录完整性。

（三）考核时间

（1）考试总时间为 30min。

（2）许可开工后即开始计时，满 30min 终止考试。

（3）考试时间内，考生报完工后记录为考试结束时间。

三、评分参考标准

行业：电力工程　　　　　　工种：电力负荷控制员　　　　　等级：四

编号	FK411	行为领域	e	鉴定范围	
考核时间	30min	题型	C	含权题分	25
试题名称	全载公用变压器台区采集方案的编制				
考核要点及其要求	（1）CAD 识图。 （2）公用变压器台区全载波采集方案的制定。 （3）记录完整性				
现场设备、工器具、材料	电脑（带 CAD 绘图软件）				
备注					

评分标准

序号	作业名称	质量要求	分值	扣分标准	扣分原因	得分
1	着装	需正确佩戴安全帽，穿工作服、绝缘鞋，工作过程中戴手套	10	（1）未穿工作服扣 3 分，工作服未系袖扣、敞怀各扣 1 分，其他每缺一项扣 2 分； （2）工作中脱安全帽及手套各扣 2 分； （3）未正确佩戴安全帽扣 1 分		
2	调出并打印低压台区示意图	能正确使用 CAD 软件，调用并打印出低压台区示意图	10	未能正确使用 CAD 打印出台区示意图，扣 10 分		
3	确定集中器、安装位置及电源取点	集中器电源取点应长期带电可靠，所装处应有无线公网信号	20	未按规则制定方案，每处扣 5 分		

		评分标准					
序号	作业名称	质量要求	分值	扣分标准	扣分原因	得分
4	确定485线走线方式	确定485线铺设方式及走向	10	不规范处,每处扣3分		
5	确定信号干扰源	找出信号干扰源,并给出抗干扰方案	20	(1)未能正确找出信号干扰源,每处扣5分; (2)未能正确给出抗干扰方案,每处扣5分		
6	形成最终低压台区采集方案编制结果	示意图上标示清楚、完整,方案文字表述清晰、正确	20	标示不清楚、完整,表述不清晰、正确,每处扣3分		
7	安全文明生产	安全文明操作,不损坏工器具,不发生安全事故	10	(1)跌落工器具每次扣2分,损坏仪器扣10分; (2)未清理现场、未报完工各扣5分		

考试开始时间			考试结束时间			合计	
考生栏	编号:	姓名:	所在岗位:	单位:	日期:		
考评员栏	成绩:	考评员:		考评组长:			

现场制作12V直流电源

一、操作

（一）工器具、材料

（1）工器具：电工个人组合工具 1 套、150mm 活动扳手 2 个、电子万用表 1 块、25W 电烙铁 1 个。

（2）材料：焊锡适量、助焊剂 1 盒、面包板试验电路板 1 块、220V/15V - 15VA 整流变压器 1 个、250V - 1A 桥式整流堆 1 个、25V - 1000μF 电解电容 1 个、0.01μF 无极性电容 1 个、7812 稳压集成块 1 个、1.5mm^2 多股铜芯导线适量、配合整流变压器固定用尺寸螺栓螺母若干、配合整流变压器固定用尺寸垫圈若干。

（二）安全要求

（1）使用电源时防止触电等。

（2）使用电烙铁防止烫伤及引起火灾。

（三）步骤及要求

（1）绘制要求做的直流电源原理图（制作输出电压为 12V 的小型直流电源）。

（2）选择合适的工具及元器件。

（3）按所选元器件尺寸参数安排在试验电路板布局。

（4）元器件安装焊接，跳线、连线焊接。

（5）测量检查及通电试验。

二、考核

（一）考核场地

工作场地配有长 1.5m 宽 0.8m 的工作台、椅子及充足照明工作区，提供市电插座，工作现场干净整洁。

（二）考核要点

（1）按要求绘制要制作的直流电源原理图（以 DC12V 电源为例），如图 FK412 - 1

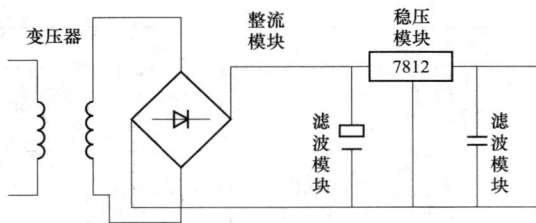

图 FK412-1　简单直流电源原理图

所示。

（2）选择合适的元器件及制作工具。

（3）合理布置试验电路板。

（4）组装、焊接美观、牢固。

（5）检测调试达到无过热、稳定可靠，使用正常。

（三）考核时间

（1）考核时间为 45min，从了解题目后，许可开始起计时。

（2）现场清理完毕后，汇报工作终结，记录考核结束时间。

三、评分参考标准

行业：电力工程　　　　　　　工种：电力负荷控制员　　　　　　　等级：四

编号	FK412	行为领域	e	鉴定范围	
考核时限	45min	题型	A	含权题分	25
试题名称	现场制作 12V 直流电源				
考核要点及其要求	（1）正确绘制原理图。 （2）正确选用元器件。 （3）器件布置整齐规范，连接正确。 （4）焊接点光洁牢固。 （5）上电工作正常				
现场设备、工器具、材料	（1）工器具：电工个人组合工具 1 套、150mm 活动扳手 2 个、电子万用表 1 只、25W 电烙铁 1 个。 （2）材料：焊锡适量、助焊剂 1 盒、面包板试验电路板 1 块、220V/15V-15VA 整流变压器 1 个、250V-1A 桥式整流堆 1 个、25V-1000μF 电解电容 1 个、0.01μF 无极性电容 1 个、7812 稳压集成块 1 个、1.5mm² 多股铜芯导线适量、配合整流变压器固定用尺寸螺栓螺母若干、配合整流变压器固定用尺寸垫圈若干				
备注	电烙铁功率过大易损坏电子元器件（电烙铁 25W 较为合适）				
评分标准					

序号	作业名称	质量要求	分值	扣分标准	扣分原因	得分
1	着装	穿棉质工作服，戴线手套	5	（1）未穿工作服扣 3 分，工作服未系袖扣、敞怀各扣 1 分，其他每缺一项扣 2 分； （2）工作中脱手套各扣 2 分		

		评分标准				
序号	作业名称	质量要求	分值	扣分标准	扣分原因	得分
2	绘制原理图	正确完整	15	(1) 缺模块不能形成完整电路扣 15 分； (2) 每缺一元件扣 5 分		
3	工器具、材料准备	一次准备齐全	25	(1) 缺工具扣 5 分； (2) 缺一材料扣 10 分		
4	器件布置	整齐规范	10	(1) 不整齐扣 5 分； (2) 连接混乱扣 10 分		
5	连接	正确，焊点光洁牢固	25	(1) 连接错误扣 25 分； (2) 一个点虚焊扣 5 分		
6	通电试验	工作正常可靠	15	工作中造成器件损坏扣 15 分		
7	安全文明生产	工作环境整洁	5	现场未清理扣 5 分		
考试开始时间			考试结束时间		合计	
考生栏	编号：	姓名：	所在岗位：	单位：	日期：	
考评员栏	成绩：	考评员：		考评组长：		

一、施工

（一）工器具、材料、设备

（1）工器具：万用表、低压试电笔、平口螺钉旋具、十字螺钉旋具。

（2）材料：记录纸、一次性铅封。

（3）设备：230M专网终端电源模块。

（二）安全要求

（1）现场设防护围栏、标示牌，配电柜下敷设绝缘垫。

（2）考生需穿工作服、绝缘鞋，戴安全帽及手套，口述安全措施且由考评员许可后开工。

（3）操作过程中，考评员负责监护，如考生存在可能危及安全的操作，考评员有权终止考评，并取消考生本项考试资格。

（三）步骤及要求

（1）使用低压试电笔对配电柜验电，检查计量装置封印、外观及接线是否正常。

（2）启封并检查终端各项显示参数是否正常，对电源模块故障进行判定等。

（3）更换采集终端电源模块。

1）将接线盒电压回路接线端子断开，做好记录。

2）拆除旧的电源模块。

3）安装新的电源模块。

4）恢复接线盒电压回路，终端通电运行，核查电源模块故障是否消除。

（四）完工检查

（1）检查终端各项参数是否正确。

（2）对接线盒、终端等进行有效加封。

（3）清理工作现场、上交工作记录，报完工后撤离现场。

二、考核

(一) 考核场地

考试在室内进行,相邻工位应确保距离合适,相互之间不存在影响安全和操作的因素。

(二) 考核要点

1. 安全

(1) 个人安全防护。

(2) 安全措施执行。

2. 技能

(1) 个人工器具的使用。

(2) 终端设备的使用。

(3) 操作规范性。

(4) 记录完整性。

(三) 考核时间

(1) 考试总时间为 30min。

(2) 许可开工后即开始计时,满 30min 终止考试。

(3) 考试时间内,考生报完工后记录为考试结束时间。

三、评分参考标准

行业:电力工程　　　　　　　　工种:电力负荷控制员　　　　　　等级:三

编号	FK301	行为领域	e	鉴定范围	
考核时间	30min	题型	B	含权题分	25
试题名称	230M 专网终端电源模块的检测与更换				
考核要点及其要求	(1) 终端检查及采集终端电源模块故障判断。 (2) 采集终端电源模块更换、安装。 (3) 记录正确、完整				
现场设备、工器具、材料	(1) 工器具:万用表、试电笔、平口螺钉旋具、十字螺钉旋具。 (2) 材料:记录纸、一次性铅封。 (3) 设备:230M 专网终端电源模块				
备注					

序号	作业名称	质量要求	分值	扣分标准	扣分原因	得分
				评分标准		
1	着装	需正确佩戴安全帽,穿工作服、绝缘鞋,工作过程中戴手套	5	(1) 未穿工作服扣3分,工作服未系袖扣、敞怀各扣1分,其他每缺一项扣2分; (2) 工作中脱安全帽及手套各扣2分; (3) 未正确佩戴安全帽扣1分		
2	开工许可	口述安全措施并经许可后开工	5	(1) 未口述工作票类别、安全措施扣3分,安全措施不完备扣1~2分; (2) 未经许可进入工位该项不得分		
3	工器具使用	合理选择并正确使用工器具	5	(1) 选择工器具不合理,每次扣1分; (2) 使用工器具不正确,每次扣0.5分		
4	现场检查	首先使用试电笔对配电柜验电	5	(1) 未进行验电扣5分,验电操作不正确扣1分; (2) 使用验电笔验电时,脱去手套不扣分		
		检查终端显示、接线是否正常	10	观察终端液晶屏显示是否正常;测量终端供电电压、电流是否正常,确保电源正确接入。未检查扣10分,漏检一处扣1分		
		对采集终端电源模块的故障判定	10	未检查扣10分,模块的故障判定错误扣3~7分		
5	模块更换安装	联合接线盒电压、电流回路安全措施	10	将接线盒电压回路接线端子断开,做好断开时间记录;将接线盒电流回路接线端子短接,做好短接时间记录。未操作或操作错误,立即停止考试		
		更换采集终端电源模块	10	正确拆除电源模块,不得损坏模块插座;安装新的电源模块,不得错装、损坏模块。未操作或造成模块损坏扣10分,操作不规范、顺序错误每处扣3分		

		评分标准					
序号	作业名称	质量要求	分值	扣分标准		扣分原因	得分
5	模块更换安装	恢复联合接线盒电压、电流回路	10	恢复电压回路、电流回路正常工作，未操作扣 10 分，其他漏项、错项一处扣 2 分			
6	完工检查	用测试装置检查电压、电流是否恢复正常，终端各项参数是否正确，终端是否在线	10	未检查扣 10 分，漏封一处扣 2 分			
		终端、联合接线盒加封	5	未加封扣 5 分，漏封一处扣 2 分			
7	安全文明生产	安全文明操作，不损坏工器具，不发生安全事故	15	（1）跌落工器具每次扣 2 分，损坏仪器扣 10 分； （2）未清理现场、未报完工各扣 5 分； （3）如发生电压回路短路、电流回路开路等危及安全的操作，考生本项考试不及格			
考试开始时间				考试结束时间		合计	
考生栏		编号： 姓名：		所在岗位： 单位：		日期：	
考评员栏		成绩： 考评员：			考评组长：		

一、操作

（一）工器具、仪表、设备

（1）工器具：扳手，平口、十字螺钉旋具（大、中、小号），尖嘴钳，老虎钳，剥线钳，万用表。

（2）仪表：ML‑380 现场检测仪、智能电能表。

（3）设备：运行中的典型客户配电室高、低压配电装置，计量装置。

（二）安全要求

（1）（现场测量时）填用第二种工作票。

（2）（现场测量时）完成工作许可制度。

（3）（现场测量时）防止工作中引起控制开关误跳闸。

（4）（现场测量时）登高作业时防止高处坠落或坠物伤人或损坏设备。

（5）防止测量时开路或短路损坏设备。

（三）步骤与要求

1. 设备的连接

（1）先选择合适的延长线，将测试线接到延长线上，将终端现场检测仪和被测终端连接。

（2）在开机初始状态下，按键作为功能选择键使用。分别在"跳闸""通信""脉冲""返回"之间进行切换。

（3）在确定功能键后，进行菜单选择。如在脉冲输出控制状态下，按 1～4 键分别是启动、暂停、停止、设置等功能。

（4）选择相应的菜单后即可进行终端功能的测试。

2. 跳闸功能测试

利用遥控通道使终端发出跳闸命令，当终端发出跳闸信号时，测试仪的跳闸指示灯发光及蜂鸣器发出音响。

3. RS485 通信测试

（1）将现场检测仪与终端连接，终端抄读测试仪提供的数据，以检测终端

RS485 通信接口的性能。

（2）将现场检测仪与电能表连接，抄录电能表当前电量等数据，以检查电能表的通信功能是否正常。

4. 终端脉冲输出检测

将现场检测仪与终端连接，终端抄读测试仪提供的数据，设置脉冲输出速率和输出个数，随时暂停和启动，以检测负荷终端的脉冲计数是否正常。

二、考核

（一）考核场地

考试在典型客户配电室或模拟现场进行，相邻工位应确保距离合适，相互之间不存在影响安全和操作的因素。

（二）考核要点

（1）安全、技术措施的落实。

（2）按符合要求的技术指标测试。

（3）防止仪器损坏。

（三）考核时间

（1）考核时间为 30min，从了解题目后，许可开始起计时。

（2）现场清理完毕后，汇报工作终结，记录考核结束时间。

三、评分参考标准

行业：电力工程　　　　　　工种：电力负荷控制员　　　　　　等级：三

编号	FK302	行为领域	e	鉴定范围	
考核时间	30min	题型	A	含权题分	25
任务描述	现场检测仪的使用				
考核要点及其要求	（1）给定条件：在模拟柜上进行终端的测试，分别进行跳闸功能、485 通信功能、脉冲输出功能的检测。测试前已经办理了第二种工作票，现场已布置好安全措施。 （2）正确选择工具、仪表。 （3）测试方法正确、步骤完整。 （4）记录完整，分析记录单填写正确，判断正确。 （5）安全文明生产				
现场设备、工器具、材料	（1）工器具：扳手，平口、十字螺钉旋具（大、中、小号），尖嘴钳，老虎钳，剥线钳，万用表。 （2）仪表：ML－380 现场检测仪、智能电能表。 （3）设备：运行中的典型客户配电室高、低压配电装置，计量装置。 （4）考生自备工作服、安全帽、绝缘鞋、常用电工工具、文具				
备注	引发跳闸事故的立即停止操作，本次考核项目不得分				

		评分标准				
序号	作业名称	质量要求	分值	扣分标准	扣分原因	得分
1	开工准备	(1) 着工装、穿绝缘鞋、戴安全帽、带棉线手套； (2) 正确填写工作票，履行开工手续	5	(1) 未按要求着装扣3分； (2) 未履行开工手续扣5分		
2	仪表选用与检查	(1) 选用检测仪，检查其外观、合格证； (2) 检查电池电压、表盘刻度校准，测试线完好齐备	10	(1) 选择错误扣10分； (2) 未检查或检查方法错误扣8分		
3	检测前准备	(1) 用三步验电法对设备验电，验电时不应戴手套； (2) 填写记录单上的基本信息	5	(1) 未验电扣5分； (2) 验电方法不对扣2分； (3) 信息未填或不全扣3分		
4	设备连接的测量	接线正确，启动自检	10	(1) 接线不对扣10分； (2) 自检未完成扣8分		
5	跳闸的测试	接线正确，结果准确	20	(1) 挡位不正确扣15分； (2) 接线不对扣20分； (3) 结论不正确扣20分		
6	RS485通信测试	接线正确，结果准确	20	(1) 挡位不正确扣15分； (2) 接线不对扣20分； (3) 结论不正确扣20分		
7	脉冲输出测试	接线正确，读数准确	20	(1) 挡位不正确扣15分； (2) 接线不对扣20分； (3) 读数不准确扣20分		
8	填写试验报告	试验报告填写完整，结论判断正确	5	(1) 报告不整洁、完整，扣3分； (2) 结论错误，扣5分		
9	清理现场	清理现场，恢复原状，上交记录书	5	未清理扣5分		
考试开始时间			考试结束时间		合计	
考生栏	编号： 姓名：		所在岗位： 单位：		日期：	
考评员栏	成绩： 考评员：			考评组长：		

一、施工

（一）工器具、材料、设备

（1）工器具：万用表、低压试电笔、平口螺钉旋具、十字螺钉旋具。

（2）材料：记录纸、一次性铅封。

（3）设备：采集终端通信模块、SIM 卡。

（二）安全要求

（1）现场设防护围栏、标示牌，配电柜下敷设绝缘垫。

（2）考生需穿工作服、绝缘鞋，戴安全帽及手套，口述安全措施且由考评员许可后开工。

（3）操作过程中，考评员负责监护，如考生存在可能危及安全的操作，考评员有权终止考评，并取消考生本项考试资格。

（三）步骤及要求

（1）使用低压试电笔对配电柜验电，检查计量装置封印、外观及接线是否正常。

（2）启封并检查终端各项显示参数是否正常，对通信模块故障进行判定等。

（3）更换采集终端通信模块。

1）将接线盒电压回路接线端子断开，电流回路短接，做好记录。

2）拆除旧的采集终端通信模块。

3）安装新的采集终端通信模块。

4）恢复接线盒电压、电流回路，终端通电运行，核查通信模块故障是否消除。

（四）完工检查

（1）检查终端各项参数是否正确。

（2）对接线盒、终端等进行有效加封。

(3) 清理工作现场、上交工作记录，报完工后撤离现场。

二、考核

(一) 考核场地

考试在室内进行，相邻工位应确保距离合适，不应存在影响安全的其他因素。

(二) 考核要点

1. 安全

(1) 个人安全防护。

(2) 安全措施执行。

2. 技能

(1) 个人工器具的使用。

(2) 终端设备的使用。

(3) 操作规范性。

(4) 记录完整性。

(三) 考核时间

(1) 考试总时间为 30min。

(2) 许可开工后即开始计时，满 30min 终止考试。

(3) 考试时间内，考生报完工后记录为考试结束时间。

三、评分参考标准

行业：电力工程　　　　　　工种：电力负荷控制员　　　　　　等级：三

编号	FK303	行为领域	e	鉴定范围	
考核时间	30min	题型	B	含权题分	25
试题名称	公网通信采集终端通信模块的现场检测与更换				
考核要点及其要求	(1) 终端检查及采集终端通信模块故障判断。 (2) 采集终端通信模块更换、安装。 (3) 记录正确、完整				
现场设备、工器具、材料	(1) 工器具：万用表、试电笔、平口螺丝刀、十字螺丝刀。 (2) 材料：记录纸、一次性铅封。 (3) 设备：采集终端通信模块、SIM 卡				
备注	采集终端作业现场记录单见 FK502 附 1				

序号	作业名称	质量要求	分值	扣分标准	扣分原因	得分
1	着装	需正确佩戴安全帽，穿工作服、绝缘鞋，工作过程中戴手套	5	（1）未穿工作服扣3分，工作服未系袖扣、敞怀各扣1分，其他每缺一项扣2分； （2）工作中脱安全帽及手套各扣2分； （3）未正确佩戴安全帽扣1分		
2	开工许可	口述工作票类别、安全措施并经许可后开工	5	（1）未口述工作票类别、安全措施扣3分，安全措施不完备扣1～2分； （2）未经许可进入工位该项不得分		
3	工器具使用	合理选择并正确使用工器具	5	（1）选择工器具不合理，每次扣1分； （2）使用工器具不正确，每次扣0.5分		
4	现场检查	首先使用低压试电笔对配电柜验电	5	（1）未进行验电扣5分，验电操作不正确扣1分； （2）使用验电笔验电时，脱去手套不扣分		
		检查终端是否正常在线	10	观察终端液晶屏显示状态栏有无告警，信号强度是否正常；翻屏查看主显示画面、底层显示状态栏瞬时量、任务执行状态、与主站通信状态等是否正常；观察终端各类指示灯指示是否正常；测量终端供电电压、电流是否正常，确保电源正确接入。未检查扣10分，漏检一处扣1分		
		对采集终端通信模块的故障判定	10	使用信号测试仪测试SIM卡状态；更换SIM卡，重新设置通信参数，观察终端是否上线；判定模块故障。未检查扣10分		

		评分标准				
序号	作业名称	质量要求	分值	扣分标准	扣分原因	得分
5	模块更换安装	联合接线盒电压、电流回路安全措施	10	将接线盒电压回路接线端子断开，电流回路接线端子短接，未操作或操作错误，立即停止考试		
		更换采集终端通信模块	10	正确拆除通信模块，不得损坏模块插座；在新模块中安装SIM卡；安装新的通信模块，对准针脚插槽，不得错装，损坏模块针脚。未操作或造成模块损坏扣10分，操作不规范、顺序错误，每处扣3分		
		恢复联合接线盒电压、电流回路接线	5	恢复电压、电流回路接线，未操作扣5分，其他漏项、错项一处扣2分		
6	正常上线检查	检查终端是否正常在线	5	观察终端液晶屏显示状态栏有无告警，信号强度是否正常；终端与主站通信状态等是否正常。未检查扣5分		
7	完工检查	用测试装置检查电压、电流是否恢复正常。终端各项参数是否正确，终端是否在线	10	未检查扣10分，漏封一处扣2分		
		终端、联合接线盒加封	5	未加封扣5分，漏封一处扣2分		
8	安全文明生产	安全文明操作，不损坏工器具，不发生安全事故	15	（1）跌落工器具每次扣2分，损坏仪器扣10分；（2）未清理现场、未报完工各扣5分；（3）如发生电压回路短路、电流回路开路等危及安全的操作，考生本项考试不及格		
考试开始时间				考试结束时间	合计	
考生栏		编号： 姓名：		所在岗位： 单位：	日期：	
考评员栏		成绩： 考评员：		考评组长：		

113

FK304 公网通信采集终端通信模块的远程检测与现场更换

一、施工

(一) 工器具、材料、设备

(1) 工器具：万用表、低压试电笔、平口螺钉旋具、十字螺钉旋具。

(2) 材料：记录纸、一次性铅封。

(3) 设备：采集系统监控用计算机、采集终端通信模块、SIM 卡。

(二) 安全要求

(1) 现场设防护围栏、标示牌，配电柜下敷设绝缘垫。

(2) 考生需穿工作服、绝缘鞋，戴安全帽及手套，口述安全措施且由考评员许可后开工。

(3) 操作过程中，考评员负责监护，如考生存在可能危及安全的操作，考评员有权终止考评，并取消考生本项考试资格。

(三) 步骤及要求

(1) 使用采集系统监控计算机，运程查看终端在线状态，核查终端各项参数是否正常，远程对通信模块功能进行测试，对模块故障进行判定。

(2) 到达终端现场对终端进行更换。使用试电笔进行配电柜验电，目测检查计量装置封印、外观及接线是否正常。

(3) 更换采集终端通信模块。

1) 将接线盒电压回路接线端子断开，做好记录。

2) 拆除旧的采集终端通信模块。

3) 安装新的采集终端通信模块。

4) 恢复接线盒电压回路，终端通电运行，核查通信模块故障是否消除。

(四) 完工检查

(1) 检查终端各项参数是否正确。

(2) 对接线盒、终端加封部位进行有效加封。

(3) 清理工作现场、上交工作记录，报完工后撤离现场。

二、考核

（一）考核场地

考试在室内进行，相邻工位应确保距离合适，不应存在影响安全的其他因素。

（二）考核要点

1. 安全

（1）个人安全防护。

（2）安全措施执行。

2. 技能

（1）个人工器具的使用。

（2）终端设备的使用。

（3）操作规范性。

（4）记录完整性。

（三）考核时间

（1）考试总时间为 30min。

（2）许可开工后即开始计时，满 30min 终止考试。

（3）考试时间内，考生报完工后记录为考试结束时间。

三、评分参考标准

行业：电力工程　　　　　　工种：电力负荷控制员　　　　　　等级：三

编号	FK304	行为领域	e	鉴定范围	
考核时间	30min	题型	B	含权题分	25
试题名称	公网通信采集终端通信模块的远程检测与现场更换				
考核要点及其要求	（1）使用采集系统相关功能对终端进行测试，对通信模块故障进行判断。 （2）采集终端通信模块更换、安装。 （3）记录正确、完整				
现场设备、工器具、材料	（1）工器具：万用表、试电笔、平口螺钉旋具、十字螺钉旋具。 （2）材料：记录纸、一次性铅封。 （3）设备：采集系统监控用计算机、采集终端通信模块、SIM 卡				
备注	采集终端作业现场记录单见 FK502 附 1				

评分标准						
序号	作业名称	质量要求	分值	扣分标准	扣分原因	得分
1	着装	需正确佩戴安全帽，穿工作服、绝缘鞋，工作过程中戴手套	5	（1）未穿工作服扣3分，工作服未系袖扣、敞怀各扣1分，其他每缺一项扣2分； （2）工作中脱naju安全帽及手套各扣2分； （3）未正确佩戴安全帽扣1分		
2	开工许可	口述安全措施并经许可后开工	5	（1）未口述安全措施扣3分，安全措施不完备扣1～2分； （2）未经许可进入工位该项不得分		
3	工器具使用	合理选择并正确使用工器具	5	（1）选择工器具不合理，每次扣1分； （2）使用工器具不正确，每次扣0.5分		
4	远程测试	通过采集系统对终端进行通信测试	5	核对系统中终端的档案、参数是否设置正确；使用采集系统测试功能测试终端是否在线。未检查扣5分，漏检一处扣1分		
5	现场检查	首先使用试电笔进行配电柜验电	5	（1）未进行验电扣5分，验电操作不正确扣1分； （2）使用验电笔验电时，脱去手套不扣分		
		检查终端是否正常在线	10	观察终端液晶屏显示状态栏有无告警，信号强度是否正常；翻屏查看主显示画面、底层显示状态栏瞬时量、任务执行状态、与主站通信状态等是否正常；观察终端各类指示灯指示是否正常；测量终端供电电压、电流是否正常，确保电源正确接入。未检查扣10分，漏检一处扣1分		
		对采集终端通信模块的故障判定	5	使用信号测试仪测试SIM卡状态；更换SIM卡，重新设置通信参数，观察终端是否上线。判定模块故障。未检查扣5分		

序号	作业名称	质量要求	分值	扣分标准	扣分原因	得分
5	模块更换安装	联合接线盒电压回路安全措施	10	将接线盒电压回路接线端子断开，做好记录。未操作或操作错误，立即停止考试		
		更换采集终端通信模块	10	正确拆除通信模块，不得损坏模块插座；在新模块中安装SIM卡；安装新的通信模块，对准针脚插槽，不得错装，损坏模块针脚。未操作或造成模块损坏扣10分，每处操作不规范、顺序错误扣3分		
		恢复联合接线盒电压回路	5	恢复电压回路正常工作。未操作扣5分，其他漏项、错项一处扣2分		
6	正常上线检查	检查终端是否正常在线	5	观察终端液晶屏显示状态栏有无告警，信号强度是否正常；终端与主站通信状态等是否正常。未检查扣5分		
7	完工检查	用测试装置检查电压是否恢复正常。终端各项参数是否正确，终端是否在线	10	未检查扣10分，漏封一处扣2分		
		终端、联合接线盒加封	5	未加封扣5分，漏封一处扣2分		
8	安全文明生产	安全文明操作，不损坏工器具，不发生安全事故	15	（1）跌落工器具每次扣2分，损坏仪器扣10分；（2）未清理现场、未报完工各扣5分；（3）如发生电压回路短路、电流回路开路等危及安全的操作，考生本项考试不及格		

考试开始时间			考试结束时间		合计	
考生栏	编号：　　姓名：		所在岗位：　　单位：			日期：
考评员栏	成绩：　　考评员：				考评组长：	

专用变压器公网通信采集系统的现场调试

一、操作

（一）工器具、材料、设备

（1）工器具：电工个人组合工具 1 套。

（2）材料：终端调试记录单、绝缘胶布、一次性铅封。

（3）设备：终端运行主站（模拟主站、电脑、营销仿真库、采集仿真库、模拟配电终端及电能表）、现场检测仪。

（二）安全要求

（1）现场设防护围栏、标示牌，配电盘前敷设绝缘垫。

（2）考生需穿工作服、绝缘鞋，戴安全帽及手套，口述安全措施且由考评员许可后开工。

（3）操作过程中，考评员负责监护，如考生存在可能危及安全的操作，考评员有权终止考评，并取消考生本项考试资格。

（三）步骤及要求

（1）使用试电笔进行配电盘验电，外观检查、接线及终端天线是否正常。

（2）启封并检查三相电能表各项显示是否正常，抄录电能表和终端铭牌基础信息、电能表示数、终端各项通信参数。

（3）专用变压器终端的现场调试。

1）使用现场检测仪检查通信信号强度，终端 SIM 卡与主站通信情况；

2）检查终端登录主站情况；

3）检查终端通信参数设置并记录，包括终端区位码、地址码、主站 IP、主站端口、APN、心跳周期、SIM 卡信息；

（4）设置终端测量点参数并记录，包括测量点编号、被采电能表通信规约、波特率、地址码、终端通信端口；

（5）使用仪器检查电能表 RS485 通信接口情况；

（6）查询测量点实时数据，并记录。

（四）完工检查

（1）计量装置加封［终端和电能表小盖、联合接线盒、表箱（柜）门］。

（2）清理工作现场、上交工作记录，报完工后撤离现场。

二、考核

（一）考核场地

每个工位场地不小于 1500mm×1500mm；考试在室内进行，相邻工位应确保距离合适，不应存在影响安全的其他因素。

（二）考核要点

1. 安全

（1）个人安全防护。

（2）安全措施执行。

2. 技能

（1）个人工器具的使用。

（2）仪器设备的使用。

（3）操作规范性。

（4）记录完整性。

（三）考核时间

（1）考试总时间为 30min。

（2）许可开工后即开始计时，满 30min 终止考试。

（3）考试时间内，考生报完工后记录为考试结束时间。

三、评分参考标准

行业：电力工程　　　　　　工种：电力负荷控制员　　　　　　等级：三

编号	FK305	行为领域	e	鉴定范围	
考核时间	30min	题型	C	含权题分	25
试题名称	专用变压器公网通信采集系统的现场调试				
考核要点及其要求	（1）终端参数设置、实时数据召测正确。 （2）记录正确、完整				
现场设备、工器具、材料	（1）工器具：电工个人组合工具 1 套。 （2）材料：终端调试记录单、绝缘胶布、一次性铅封。 （3）设备：终端运行主站（模拟主站、电脑、营销仿真库、采集仿真库、模拟配电终端及电能表）、现场检测仪				
备注	采集终端作业现场记录单见 FK502 附 1				

评分标准

序号	作业名称	质量要求	分值	扣分标准	扣分原因	得分
1	着装	需正确佩戴安全帽，穿工作服、绝缘鞋，工作过程中戴手套	5	（1）未穿工作服扣3分，工作服未系袖扣、敞怀各扣1分，其他每缺一项扣2分； （2）工作中脱安全帽及手套各扣2分； （3）未正确佩戴安全帽扣1分		
2	开工许可	口述安全措施并经许可后开工	3	（1）未口述安全措施扣3分，安全措施不完备扣1～2分； （2）未经许可进入工位该项不得分		
3	工器具使用	合理选择并正确使用工器具	2	（1）选择工器具不合理，每次扣1分； （2）使用工器具不正确，每次扣0.5分		
4	现场检查	首先使用试电笔进行配电盘验电	2	（1）未进行验电扣2分，验电操作不正确扣1分； （2）使用验电笔验电时，脱去手套不扣分		
		检查计量装置铅封、外观、接线及终端天线是否正常	3	未检查扣3分，每处漏检扣1分		
		检查三相电能表各项显示（日历、时钟、电池状态等），发现并记录电能表异常报警	5	未检查扣5分，每处异常漏检或未记录扣2分		
5	现场调试	检查并记录现场通信信号强度和终端登录状态	10	（1）未查通信信号强度，扣2分； （2）未查终端SIM卡与主站通信情况，扣2分； （3）未查终端登录主站情况，扣5分		

		评分标准				
序号	作业名称	质量要求	分值	扣分标准	扣分原因	得分
5	现场调试	检查并记录终端通信参数设置（终端区位码、地址码、主站 IP、主站端口、APN、心跳周期、SIM 卡信息）	20	漏项每处扣 3 分，扣完为止		
		设置并记录终端测量点参数（地址码、通信规约及波特率、通信端口）	30	（1）被采电能表地址码设置错误扣 5 分； （2）被采电能表通信规约及波特率设置错误误扣 10 分； （3）终端通信端口设置错误扣 5 分； （4）未设置交流采样扣 5 分； （5）记录，漏项一处扣 5 分		
6	查询实时数据	终端与电能表通信成功并记录示数	5	（1）电能表 RS485 端口正常情况下，查询测量点实时数据不成功，此项不得分； （2）未记录实施数据扣 2 分		
7	完工检查	计量装置加封〔终端和电能表小盖、联合接线盒、表箱（柜）门〕	5	未加封扣 5 分，漏封一处扣 2 分		
8	安全文明生产	安全文明操作，不损坏工器具，不发生安全事故	10	（1）跌落工器具每次扣 2 分，损坏仪器扣 10 分； （2）未清理现场、未报完工各扣 5 分； （3）如发生电压回路短路等危及安全的操作，考生本项考试不及格		
考试开始时间				考试结束时间	合计	
考生栏	编号：	姓名：		所在岗位：	单位：	日期：
考评员栏	成绩：	考评员：			考评组长	

一、操作

(一) 工器具、材料、设备

(1) 工器具：万用表、尖嘴钳、斜口钳、剥线钳、试电笔、平口螺钉旋具、十字螺钉旋具。

(2) 材料：终端调试记录单、绝缘胶布、一次性铅封。

(3) 设备：终端运行主站（模拟主站、电脑、营销仿真库、采集仿真库、模拟配电终端及电能表，现场检测仪。

(二) 安全要求

(1) 现场设防护围栏、标示牌，配电盘下敷设绝缘垫。

(2) 考生需穿工作服、绝缘鞋，戴安全帽及手套，口述安全措施且由考评员许可后开工。

(3) 操作过程中，考评员负责监护，如考生存在可能危及安全的操作，考评员有权终止考评，并取消考生本项考试资格。

(三) 步骤及要求

(1) 使用试电笔进行配电盘验电，目测检查计量装置封印、外观、接线及终端天线是否正常。

(2) 启封并检查三相电能表各项显示是否正常，抄录电能表止码、出厂编号、通信规约和终端各项参数等信息。

(3) 故障类别及分析、处理。

1) 终端掉线。

a) 使用现场检测仪检查通信信号强度，终端 SIM 卡与主站通信情况，若不通则属 SIM 卡故障，换已测试通过的卡后恢复上线，若未恢复上线，继续下一步；

b) 检查终端通信参数设置并记录，包括终端区位码、地址码、主站 IP、主站端口、APN；若与采集系统设置不符，更正后恢复上线，若未恢复上线，继续下一步；

c）确认终端上行通信模块（GRPS/CDMA）是否正常，若故障，更换模块后恢复上线，故障排除。

2）专用变压器终端在线漏抄无实时数据。

a）确认终端测量点参数并更正，包括测量点编号、被采电能表通信规约、波特率、地址码、终端通信端口，更正后恢复，则为参数设置故障，若无误继续下一步；

b）确认电能表 RS485 通信接口正常，若故障更换电能表后恢复，若未恢复，继续下一步；

c）确认终端 RS485 通信接口正常，若故障更换终端正常端口或终端后恢复，故障排除。

3）专用变压器终端在线漏抄有实时数据。

a）确认 00：00 是否停电，若无，继续下一步；

b）检查被采电能表和终端时钟，若发现时钟错误，则更正，若无误，继续下一步；

c）确认为终端软件故障，可采取软件升级或更换终端，故障排除。

4）低压采集终端在线 100％漏抄。

a）确认实时数据是否查询正常，若无实时数据，确认终端与电能表间通信故障，若有实时数据，继续下一步；

b）确认 00：00 是否停电，若无，继续下一步；

c）检查终端时钟，若发现时钟错误，轮换终端，若无误，继续下一步；

d）确认终端下行载波通信模块故障，更换模块后，查询测量点实时数据成功，故障排除。

5）低压采集电能表部分漏抄。

a）检查载波电能表与终端载波模块是否为同一载波方案，若不一致，更换电能表载波模块后恢复，若未恢复，继续下一步；

b）表尾处检查载波电能表载波通信是否正常，若故障，更换载波模块；

c）检查被采电能表时钟，若发现电能表时钟错误，轮换电能表后恢复，故障排除。

（四）完工检查

（1）计量装置加封。

（2）清理工作现场、上交工作记录，报完工后撤离现场。

二、考核

(一) 考核场地

考试在室内进行，相邻工位应确保距离合适，不应存在影响安全的其他因素。

(二) 考核要点

1. 安全

(1) 个人安全防护。

(2) 安全措施执行。

2. 技能

(1) 个人工器具的使用。

(2) 仪器设备的使用。

(3) 操作规范性。

(4) 记录完整性。

(5) 对简单的故障进行分析处理。

(三) 考核时间

(1) 考试总时间为30min。

(2) 许可开工后即开始计时，满30min终止考试。

(3) 考试时间内，考生报完工后记录为考试结束时间。

三、评分参考标准

行业：电力工程　　　　　　工种：电力负荷控制员　　　　　等级：三

编号	FK306	行为领域	e	鉴定范围	
考核时间	30min	题型	C	含权题分	25
试题名称	公用变压器采集系统故障的现场检查、分析、处理				
考核要点及其要求	(1) 故障检查、分析、处理正确。 (2) 记录正确、完整				
现场设备、工器具、材料	(1) 工器具：万用表、尖嘴钳、斜口钳、剥线钳、试电笔、平口螺钉旋具、十字螺钉旋具。 (2) 材料：终端调试记录单、绝缘胶布、一次性铅封。 (3) 设备：终端运行主站（模拟主站、电脑、营销仿真库、采集仿真库、模拟配电终端及电能表、现场检测仪				
备注	采集终端作业现场记录单见FK502附1				

		评分标准					
序号	作业名称	质量要求	分值	扣分标准		扣分原因	得分
1	着装	需正确佩戴安全帽，穿工作服、绝缘鞋，工作过程中戴手套	5	（1）未穿工作服扣3分，工作服未系袖扣、敞怀各扣1分，其他每缺一项扣2分； （2）工作中脱安全帽及手套各扣2分； （3）未正确佩戴安全帽扣1分			
2	开工许可	口述安全措施并经许可后开工	3	（1）未口述安全措施扣3分，安全措施不完备扣1～2分； （2）未经许可进入工位该项不得分			
3	工器具使用	合理选择并正确使用工器具	2	（1）选择工器具不合理，每次扣1分； （2）使用工器具不正确，每次扣0.5分			
4	故障判断	故障判断成功	50	（1）未验电扣5分； （2）为检查抄录电能表及终端信息每处扣2分； （3）未判明故障扣30分			
5	故障处理	故障处理成功	25	故障处理未成功此项不得分			
6	完工检查	计量装置加封	5	未加封扣5分，漏封一处扣2分			
7	安 全 文 明生产	安全文明操作，不损坏工器具，不发生安全事故	10	（1）跌落工器具每次扣2分，损坏仪器扣10分； （2）未清理现场、未报完工各扣5分； （3）如发生电压回路短路等危及安全的操作，考生本项考试不及格			
考试开始时间			考试结束时间			合计	
考生栏	编号：　　　姓名：			所在岗位：　　　单位：		日期：	
考评员栏	成绩：　　考评员：				考评组长：		

不停电更换高压三相三线电能表、专用变压器终端

一、施工

（一）工器具、材料、设备

（1）工器具：钳形万用表、低压试电笔、平口螺钉旋具、十字螺钉旋具。

（2）材料：记录纸、一次性铅封。

（3）设备：高压三相三线电能表、专用变压器终端、天线。

（二）安全要求

（1）现场设防护围栏、标示牌，配电柜下敷设绝缘垫。

（2）考生需穿工作服、绝缘鞋，戴安全帽及手套，口述安全措施且由考评员许可后开工。

（3）操作过程中，考评员负责监护，如考生存在可能危及安全的操作，考评员有权终止考评，并取消考生本项考试资格。

（三）步骤及要求

（1）使用试电笔对配电柜验电，目测检查计量装置封印、外观及接线是否正常。

（2）启封并抄录电能表止码、电压、电流等信息。

（3）带电更换电能表、终端，记录并计算更换期间用电电量。

1）将接线盒电压回路接线端子断开，做好时间记录。

2）将接线盒电流回路接线端子可靠短接，做好时间记录。

3）通过测试工具验电，核实专用变压器终端接线端子侧无电压、电流后方可进行拆除操作。

4）将原专用变压器终端拆除，安装更换新的专用变压器终端。

5）全部工作完毕，恢复专用变压器终端正常接线。

（四）完工检查

（1）检查电压、电流是否恢复正常，电能表、终端各项参数是否正确。

（2）对电能表、接线盒、终端加封部位进行有效加封。

（3）清理工作现场、上交工作记录，报完工后撤离现场。

二、考核

（一）考核场地

考试在室内进行，相邻工位应确保距离合适，不应存在影响安全的其他因素。

（二）考核要点

1. 安全

（1）个人安全防护。

（2）安全措施执行。

2. 技能

（1）个人工器具的使用。

（2）终端设备的使用。

（3）操作规范性。

（4）记录完整性。

（三）考核时间

（1）考试总时间为 60min。

（2）许可开工后即开始计时，满 60min 终止考试。

（3）考试时间内，考生报完工后记录为考试结束时间。

三、评分参考标准

行业：电力工程　　　　　　工种：电力负荷控制员　　　　　　等级：三

编号	FK307	行为领域	e	鉴定范围	
考核时间	60min	题型	B	含权题分	50
试题名称	不停电更换高压三相三线电能表、专用变压器终端				
考核要点及其要求	（1）电能表、终端检查及参数设置。 （2）电能表、终端带电更换、安装。 （3）记录正确、完整。 （4）计算带电更换期间应追补电量				
现场设备、工器具、材料	（1）工器具：万用表、低压试电笔、平口螺钉旋具、十字螺钉旋具。 （2）材料：记录纸、一次性铅封。 （3）设备：高压三相三线电能表、专用变压器终端、天线				
备注	采集终端作业现场记录单见 FK502 附 1				

序号	作业名称	质量要求	分值	扣分标准	扣分原因	得分
				评分标准		
1	着装	需正确佩戴安全帽,穿工作服、绝缘鞋,工作过程中戴手套	5	(1)未穿工作服扣3分,工作服未系袖扣、敞怀各扣1分,其他每缺一项扣2分; (2)工作中脱安全帽及手套各扣2分; (3)未正确佩戴安全帽扣1分		
2	开工许可	口述工作票类别、安全措施,并经许可后开工	5	(1)未口述工作票类别、安全措施扣3分,安全措施不完备扣1~2分; (2)未经许可进入工位该项不得分		
3	工器具使用	合理选择并正确使用工器具	5	(1)选择工器具不合理,每次扣1分; (2)使用工器具不正确,每次扣0.5分		
4	现场检查	首先使用试电笔对配电柜验电	5	(1)未进行验电扣5分,验电操作不正确扣1分; (2)使用验电笔验电时,脱去手套不扣分		
		检查终端是否正常	10	测量终端供电电压、电流是否正常,确保电源正确接入。未检查扣10分,漏检每处扣1分		
		检查三相电能表各项显示,发现并记录当前电压、电流、功率因数	10	记录电能表当前电压、电流、功率因数等。未记录扣10分,每处异常漏检或未记录扣2分		

		评分标准				
序号	作业名称	质量要求	分值	扣分标准	扣分原因	得分
5	更换安装	联合接线盒电压、电流回路安全措施	10	将接线盒电压回路接线端子断开；将接线盒电流回路接线端子可靠短接，做好时间记录。未操作或操作错误，立即停止考试		
		第二次验电操作	5	通过钳形万用表验电，核实电能表、终端端子侧无电压、电流后方可进行拆除操作。未操作扣5分，其他漏项、错项每处扣2分		
		安装电能表、终端	10	正确拆除原专用变压器终端，按先相线后零线顺序拆除电压线，电流线按 A\B\C 顺序拆除；安装新终端、电能表，完成接线，按先零线后相线顺序接入电压线，电流线按 A\B\C 顺序接入，用485线对设备485接口连接。未操作扣10分，顺序错误扣5分，漏项、错项一处扣2分		
		恢复联合接线盒电压、电流回路	5	恢复电压回路电流回路正常工作。未操作扣5分，其他漏项、错项一处扣2分		
6	完工检查	检查电压、电流回路正常，检查电能表、终端参数是否正确，记录恢复时间	10	用测试装置检查电压、电流是否恢复正常，电能表、终端各项参数是否正确；记录恢复时间。未检查、未记录扣10分，漏项一处扣2分		
		电能表、终端、联合接线盒加封	5	未加封扣5分，漏封一处扣2分		

					评分标准		
序号	作业名称	质量要求	分值	扣分标准		扣分原因	得分
7	安全文明生产	安全文明操作，不损坏工器具，不发生安全事故	15	（1）跌落工器具每次扣2分，损坏仪器扣10分； （2）未清理现场、未报完工各扣5分； （3）如发生电压回路短路、电流回路开路等危及安全的操作，考生本项考试不及格			
考试开始时间				考试结束时间			合计
考生栏		编号：	姓名：	所在岗位：	单位：		日期：
考评员栏		成绩：	考评员：		考评组长：		

高压三相四线电能表及终端的安装

一、施工

（一）工器具、材料、设备

（1）工器具：高压绝缘手套、高压验电器、试电笔、平口螺钉旋具、十字螺钉旋具、剥线钳、尖嘴钳、尼龙扎带、绝缘胶带、斜口钳。

（2）材料：记录纸、一次性铅封、4mm² 绝缘线（黄、绿、红三色）、2.5mm² 绝缘线（黄、绿、红、黑四色）、4mm² 接地线（黄绿相间多股软铜线）、RS485 线、联合接线盒。

（3）设备：高压三相四线电能表、专用变压器终端、天线。

（二）安全要求

（1）现场设防护围栏、标示牌，配电柜下敷设绝缘垫。

（2）考生需穿工作服、绝缘鞋，戴安全帽及手套，口述安全措施且由考评员许可后开工。

（3）操作过程中，考评员负责监护，如考生存在可能危及安全的操作，考评员有权终止考评，并取消考生本项考试资格。

（三）步骤及要求

（1）使用试电笔对配电柜验电。

（2）安装接线。

1）将联合接线盒安装在配电柜内，接入电压、电流互感器二次回路；

2）安装高压三相四线电能表；

3）安装高压终端；

4）用 RS485 线对设备 485 接口连接。

（四）完工检查

（1）检查电压、电流回路是否安装正确。

（2）对电能表、接线盒、终端有关部位进行有效加封。

（3）清理工作现场、上交工作记录，报完工后撤离现场。

二、考核

（一）考核场地

考试在室内进行，相邻工位应确保距离合适，不应存在影响安全的其他因素。

（二）考核要点

1. 安全

（1）个人安全防护。

（2）安全措施执行。

2. 技能

（1）个人工器具的使用。

（2）终端设备的使用。

（3）操作规范性。

（4）记录完整性。

（三）考核时间

（1）考试总时间为 60min。

（2）许可开工后即开始计时，满 60min 终止考试。

（3）考试时间内，考生报完工后记录为考试结束时间。

三、评分参考标准

行业：电力工程　　　　　　工种：电力负荷控制员　　　　　　等级：三

编号	FK308	行为领域	e	鉴定范围	
考核时间	60min	题型	B	含权题分	50
试题名称	高压三相四线电能表及终端的安装				
考核要点及其要求	（1）高压三相四线电能表、终端安装及更换。 （2）工艺美观、接线正确、无遗漏。 （3）计量装置、联合接线盒、终端安装封印				
现场设备、工器具、材料	（1）工器具：高压验电器、试电笔、平口螺钉旋具、十字螺钉旋具、剥线钳、尖嘴钳、尼龙扎带、绝缘胶带、斜口钳。 （2）材料：记录纸、一次性铅封、4mm² 绝缘线（黄、绿、红三色）、2.5mm² 绝缘线（黄、绿、红、黑四色）、RS485 线、联合接线盒。 （3）设备：高压三相四线电能表、专用变压器终端、天线				
备注	采集终端作业现场记录单见 FK502 附 1				

		评分标准				
序号	作业名称	质量要求	分值	扣分标准	扣分原因	得分
1	着装	需正确佩戴安全帽，穿工作服、绝缘鞋，工作过程中戴手套	5	（1）未穿工作服扣 3 分，工作服未系袖扣、敞怀各扣 1 分，其他每缺一项扣 2 分； （2）工作中脱安全帽及手套各扣 2 分； （3）未正确佩戴安全帽扣 1 分		
2	开工许可	口述安全措施并经许可后开工	5	（1）未口述安全措施扣 3 分，安全措施不完备扣 1～2 分； （2）未经许可进入工位该项不得分		
3	工器具使用	合理选择并正确使用工器具	5	（1）选择工器具不合理，每次扣 1 分； （2）使用工器具不正确，每次扣 0.5 分		
4	接线安装	首先使用高压验电器、试电笔进行配电柜验电	5	（1）配电柜高压部位未进行验电扣 5 分，验电操作不正确扣 1 分； （2）使用验电笔对配电柜体验电时，脱去手套不扣分		
		接线正确，严格按标准接线图接线	10	接线错误（含终端负控接线），序号 4 项目不得分		
		导线连接可靠、牢固	10	导线每处压痕不到位扣 2 分，压到绝缘皮上扣 2 分；导线连接每处不牢固扣 5 分		

		评分标准				
序号	作业名称	质量要求	分值	扣分标准	扣分原因	得分
4	接线安装	电能表引接线按正相序接入	5	电能表引入接线相序错误扣5分		
		各连接导线必须做到横平竖直，合理交叉；导线排列顺序必须符合相关规程要求	5	(1) 各连接导线未做到横平竖直的每处扣0.5分； (2) 不合理交叉的每处扣1分； (3) 排列顺序不合要求的每处扣1分		
		导线必须扎紧，无明显松动现象，捆扎间距符合要求	5	(1) 导线未扎紧、明显松动的每处扣1分； (2) 捆扎间距超过20cm的每处扣1.5分		
		导线接头金属部分不得外露，导线无损伤	5	(1) 导线接头金属部分明显外露的每处扣1分； (2) 导线绝缘损伤的每处扣5分		
		电流回路使用4mm² 导线，电压回路使用2.5mm² 导线，U、V、W 相按黄、绿、红色线分相色接入，接地线使用黄绿相间多股软铜线	10	(1) 导线使用不正确的每处扣5分； (2) 需接地设备未接地，每处扣3分		
		正确安装联合接线盒	10	联合接线盒端子接线必须具备能够断开电压回路、短接电流回路功能未安装扣10分，其他漏项、错项一处扣2分		
5	完工检查	电能表、终端、联合接线盒加封	5	未加封扣5分，漏封一处扣2分		

评分标准						
序号	作业名称	质量要求	分值	扣分标准	扣分原因	得分
6	安全文明生产	安全文明操作，不损坏工器具，不发生安全事故	15	（1）跌落工器具每次扣2分，损坏仪器扣10分； （2）未清理现场、未报完工各扣5分； （3）如发生电压回路短路、电流回路开路等危及安全的操作，考生本项考试不及格		
考试开始时间			考试结束时间		合计	
考生栏	编号：	姓名：	所在岗位：	单位：	日期：	
考评员栏	成绩：	考评员：		考评组长：		

**利用采集系统数据对客户用电情况
进行检查、分析、处理**

一、施工

（一）工器具、材料、设备

（1）工器具：十字螺钉旋具、平口螺钉旋具、双数字式相位伏安表、断线钳。

（2）材料：记录纸、SIM 卡。

（3）设备：可访问采集系统主站计算机 1 台、负控柜（或综合计量柜，已装电能表和负控终端）。

（二）安全要求

操作过程中，考评员负责监护，如考生存在可能危及安全的操作，考评员有权终止考评，并取消考生本项考试资格。

（三）步骤及要求

（1）登录电力客户用电信息采集系统主站，找到被试计量装置相对应的终端档案。

（2）进入采集系统主站客户用电分析界面，调出客户的历史、实时负荷、电量、电压、电流等数据曲线。

（3）依据客户各项数据曲线及数值对客户用电情况进行检查、分析，确定客户用电是否正确及异常故障的性质。

（4）现场对存在异常故障的情况进行核对，并处理。

（四）完工检查

（1）关闭采集系统主站。

（2）清理工作现场、上交工作记录，报完工后撤离现场。

二、考核

（一）考核场地

考试在室内进行，相邻工位应确保距离合适，不应存在影响安全的其他因素。

（二）考核要点

1. 安全

（1）个人安全防护。

（2）安全措施执行。

2. 技能

（1）能够熟练使用"电力客户用电信息采集系统主站"。

（2）能利用采集系统对客户用电情况进行检查、分析，并判断现场异常故障性质。

（3）对现场异常故障进行核对、处理、恢复。

（4）记录完整性。

（三）考核时间

（1）考试总时间为 45min。

（2）许可开工后即开始计时，满 45min 终止考试。

（3）考试时间内，考生报完工后记录为考试结束时间。

三、评分参考标准

行业：电力工程　　　　　　工种：电力负荷控制员　　　　　等级：三

编号	FK309	行为领域	e	鉴定范围	
考核时间	45min	题型	A	含权题分	35
试题名称	利用采集系统数据对客户用电情况进行检查、分析、处理				
考核要点及其要求	（1）能够熟练使用"电力客户用电信息采集系统主站"。 （2）能利用采集系统对客户用电情况进行检查、分析，并判断现场异常故障性质。 （3）能对现场异常故障进行处理、恢复。 （4）记录完整性				
现场设备、工器具、材料	（1）工器具：十字螺钉旋具、平口螺钉旋具、双数字式相位伏安表、断线钳。 （2）材料：记录纸、SIM 卡。 （3）设备：可访问采集系统主站计算机 1 台、负控柜（或综合计量柜，已装电能表和负控终端）				
备注					

			评分标准				
序号	作业名称	质量要求	分值	扣分标准		扣分原因	得分
1	着装	需正确佩戴安全帽，穿工作服、绝缘鞋，工作过程中戴手套	10	（1）未穿工作服扣 3 分，工作服未系袖扣、敞怀各扣 1 分，其他每缺一项扣 2 分； （2）工作中脱安全帽及手套各扣 2 分； （3）未正确佩戴安全帽扣 1 分			

		评分标准					
序号	作业名称	质量要求	分值	扣分标准		扣分原因	得分
2	采集主站正确登录	登录采集系统主站，找出被试采集终端的设备档案和电能计量装置	10	（1）未依照正确的客户名和密码登录系统主站扣3分； （2）未正确寻得被试采集终端设备档案和电能计量装置各扣3分			
3	客户历史、实时负荷、电量、电流、电压等数据曲线的调用	找到"用电分析"界面，定位异常计量装置，调用所需各类用电数据	20	（1）未能正确使用"用电分析"功能扣5分； （2）未能正确调用客户各项用电数据各扣5分			
4	用电情况分析	根据客户各类用电数据进行异常故障分析，确定异常故障性质	25	（1）相序判断错误扣2分； （2）接线图错误扣2分			
5	异常故障现场核对、处理	对现场异常故障进行核对、处理、恢复	25	（1）未能正确核实现场故障扣10分； （2）未能按规章对异常故障进行处理恢复扣15分			
6	安全文明生产	安全文明操作，不损坏工器具，不发生安全事故	10	未清理现场、未报完工各扣5分			
考试开始时间				考试结束时间		合计	
考生栏		编号： 姓名：		所在岗位：	单位：	日期：	
考评员栏		成绩： 考评员：			考评组长：		

一、操作

(一)工器具、材料

(1)工器具:电工个人组合工具1套、电子式万用表1块、25W电烙铁1个、手电钻1个。

(2)材料:1/2普通50Ω同轴电缆馈线适量、N−J1/2S馈线电缆接头1个、DX−230M(三单元组件)及安装基座1套、23号乙丙橡胶自粘防水胶带适量、配合基座及振子尺寸用螺栓螺母适量、配合基座及振子尺寸用垫圈适量、配合基座及振子尺寸用手电钻钻头1套。

(二)安全要求

(1)使用刻刀、电钻等时防止物理伤害。

(2)使用电源时防止触电等。

(3)使用电烙铁防止烫伤及引起火灾。

(三)步骤与要求

(1)合理选材料。

(2)选择合适的馈线及接头。

(3)按设计尺寸要求组装天线于同一平面内。

(4)按要求组装电缆及接头(要求见FK408)。

(5)使安装基座便于天线在要求的极化方向上安装及防潮处理。

二、考核

(一)考核场地

考试在室内进行,相邻工位应确保距离合适,不应存在影响安全的其他因素。

(二)考核要点

(1)合理选材料。

(2)正确组装各型振子。

（3）正确选择馈线及接头规格。

（4）组装焊接电缆头。

（5）组装好的天线便于安装时按极化方向要求安装及防潮处理。

（三）考核时间

（1）考核时间为 45min，从了解题目后，许可开始起计时。

（2）现场清理完毕后，汇报工作终结，记录考核结束时间。

三、评分参考标准

行业：电力工程　　　　　　　工种：电力负荷控制员　　　　　　　等级：三

编号	FK310	行为领域	e	鉴定范围	
考核时间	45min	题型	B	含权题分	35
试题名称	230M 定向天线的组装				
考核要点及其要求	（1）合理选材料。 （2）正确组装各型振子。 （3）选择馈线及接头规格。 （4）组装焊接电缆头。 （5）组装好的天线便于安装时按极化方向要求安装及防潮处理				
现场设备、工器具、材料	（1）工器具：电工个人组合工具 1 套、电子式万用表 1 块、25W 电烙铁 1 个、手电钻 1 个。 （2）材料：1/2 普通 50Ω 同轴电缆馈线适量、N-J 1/2 S 馈线电缆接头 1 个、DX-230M（三单元组件）及安装基座 1 套、23 号乙丙橡胶自粘防水胶带适量、配合基座及振子尺寸用螺栓螺母适量、配合基座及振子尺寸用垫圈适量、配合基座及振子尺寸用手电钻钻头 1 套				
备注					

			评分标准				

序号	作业名称	质量要求	分值	扣分标准	扣分原因	得分
1	着装	需正确佩戴安全帽，穿工作服、绝缘鞋，工作过程中戴手套	5	（1）未穿工作服扣 3 分，工作服未系袖扣、敞怀各扣 1 分，其他每缺一项扣 2 分； （2）工作中脱安全帽及手套各扣 2 分； （3）未正确佩戴安全帽扣 1 分		

		评分标准				
序号	作业名称	质量要求	分值	扣分标准	扣分原因	得分
2	工器具、材料准备	一次准备齐全	20	（1）缺工器具扣5分； （2）缺一材料扣10分		
3	安全工作	安全组织、技术措施落实： （1）开工； （2）工作全过程； （3）完工	15	（1）开工、完工未履行手续扣10分； （2）工作过程安全措施执行不到位扣5分		
4	天线振子及馈线、基座组装	（1）正确组装天线及基座； （2）正确选择馈线及电缆头规格	10	规格不匹配一件扣10分		
5	电缆裁剪及电缆头制作	要求见FK408	25	制作错误扣15分，不规范扣3～10分		
6	按极化要求完成天线安装	按极化方向要求完成安装	10	（1）方向错误扣10分； （2）未做防潮极化处理扣5分		
7	安全文明生产	安全文明操作，不损坏工器具，不发生安全事故	15	（1）跌落工器具每次扣2分，损坏仪器扣10分； （2）未清理现场、未报完工各扣5分		
考试开始时间			考试结束时间		合计	
考生栏	编号：	姓名：	所在岗位：	单位：	日期：	
考评员栏	成绩：	考评员：		考评组长：		

一、操作

（一）工器具、仪表、材料

有权操控采集系统的计算机工作站 1 套，适量的操控记录单，由考评员给定定值参数设定派工单 1 张。

（二）安全要求

（1）严格执行国网公司信息系统管理规范要求。

（2）严格按操作权限使用采集系统工作站。

（三）步骤及要求

（1）核验派工单。

（2）核对客户信息。

（3）登录系统检查系统及终端运行状况。

（4）查询终端当前负荷定值并记录。

（5）按定值参数设定派工单核定新的参数并下发，检查后记录执行情况。

二、考核

（一）考核场地

考试在室内进行，相邻工位应确保距离合适，不应存在影响安全的其他因素。

（二）考核要点

（1）信息核验。

（2）系统及终端运行状况检查。

（3）查询记录当前负荷定值。

（4）按定值参数设定派工单核、发新定值并记录执行情况。

（三）考核时间

（1）考核时间为 20min，从了解题目后，许可开始起计时。

（2）现场清理完毕后，汇报工作终结，记录考核结束时间。

三、评分参考标准

行业：电力工程　　　　　　　工种：电力负荷控制员　　　　　　等级：三

编号	FK311	行为领域	e	鉴定范围	
考核时间	20min	题型	C	含权题分	25
试题名称	查询及变更终端当前负荷定值及参数				
考核要点及其要求	（1）信息核验。 （2）系统及终端运行状况检查。 （3）查询记录当前负荷定值。 （4）按定值参数设定派工单核、发新定值并记录执行情况				
现场设备、工器具、材料	有权操控采集系统的计算机工作站 1 套，适量的操控记录单，由考评员给定定值参数设定派工单 1 张				
备注					

			评分标准				
序号	作业名称	质量要求	分值	扣分标准		扣分原因	得分
1	着装	穿干净整洁棉质工作服	5	未穿工作服扣 3 分，工作服不整洁扣 2 分			
2	开工许可	口述计算机使用注意事项、安全措施，请示采集系统操作权限，并经许可后开工	15	（1）口述计算机使用注意事项、安全措施，未经许可就上机操作扣 15 分； （2）未请示采集系统操作权限就上机操作扣 10 分			
3	操作前核验	操作前口述操作条件是否完备	15	未口述操作条件是否完备扣 15 分			
4	核对客户信息	检查派工单与系统中信息是否相符	15	未核对信息扣 15 分			
5	检查终端运行状况	检查终端运行状况	10	未检查终端运行状况扣 10 分			
6	查询记录当前负荷定值	召测并记录当前终端参数负荷定值	15	未召测当前终端参数负荷定值扣 15 分			

序号	作业名称	质量要求	分值	扣分标准	扣分原因	得分
		评分标准				
7	核、发新定值并记录执行情况	核、发新定值并记录执行情况	20	未按派工单修改、核定定值、下发、记录执行情况扣20分扣完为止		
8	安全文明生产	工作环境整洁	5	现场未清理扣5分		
考试开始时间			考试结束时间		合计	
考生栏	编号：	姓名：	所在岗位：	单位：	日期：	
考评员栏	成绩：	考评员：		考评组长：		

FK311 附：操控记录单

操控记录单

客户名称（编号）		计量点位置		查询人	
序号	作业程序	作业要求及检查情况			
1	终端信息	出厂编号		区位码/地址码	/
2	终端状况				
3	负荷定值	主站原定值		终端原定值	
		主站新定值		终端新定值	
4	操作依据、时间、完成情况				

FK201 多功能电能表常见故障分析、处理

一、操作

（一）工器具、材料、设备

（1）工器具：碳素笔、螺钉旋具、尖嘴钳、万用表、手套。

（2）材料：故障分析处理记录单、一次性铅封。

（3）设备：装有三相多功能表模拟装置。

（二）安全要求

（1）正确使用第二种工作票，工作服、安全帽、绝缘鞋良好、符合安全要求。

（2）进入现场检查过程中，分清高、低压设备，与高压设备保持安全距离。

（3）用万用表检查柜体带不带电。

（4）登高作业时应系好安全带，使用梯子登高作业时，应有人扶梯。

（5）发现客户窃电应做好记录，及时通知相关人员处理。

（三）步骤及要求

（1）电能表计量超差、不计量或少计量。电能表外部电流、电压、相序，以及极性接入是否错误，可从多功能表液晶屏显示状态看出。若有误则更正接线，还可以通过估计客户用电负荷来对照表计显示的功率，相差不大，则电表计量没有问题。另外，电能表内部发生故障，如电能表某相霍尔元件损坏，需返厂维修。

（2）电能表无显示。用万用表查看接线端子是否有电压，接入电压是否按照标定的额定电压接入。若多功能表外部电压无故障，就可能是电能表内部工作电源故障或液晶屏损坏等，需返厂维修。

（3）时钟故障。如时钟停走或显示错误，现场干扰雷击造成时钟混乱等，可以通过多功能表对应说明书提供的序号调出当前时钟与北京时间对照判断，若有误，利用编程器修改时钟或请厂家利用程序修改时钟。

（4）电能表失电压。用万用表检查线路电压以及电压互感器二次熔丝是否熔断，若熔断，需更换。另外，电能表内部的互感器故障需返厂维修。

145

（5）脉冲和 485 输出不正常。若电能表的脉冲接口芯片损坏，需更换接口芯片。另外，电能表脉冲接口电路与终端输入电路不匹配或两者通信规约选择不当。用万用表 10V 挡检查 485 接口电路，选择与之对应的通信规约。注意高电位应接 A 端，低电位接 B 端。

（6）显示不完整。若液晶屏故障，更换液晶屏，若液晶屏接触不良，则将液晶屏插件插头重新拔插至接触良好为止。

（7）电能表潜动。可能是电流互感器二次线路中存在感应的微弱电流，重新短接电流二次回路，再判断电能表有无潜动（可以根据潜动定义即电压回路通额定电压，电流回路无电流，多功能表仍发脉冲进行判断）。若是电能表自身质量，需更换多功能表。

（8）电能表数据突变。电能表存储器故障，更换存储器。

（9）电能表提示芯片故障。可能是芯片损坏，另外电能表程序设置错误等，需更换电能表芯片或重新设置电能表程序。

二、考核

（一）考核场地

（1）同时容纳 4 个工位模拟装置，每个工位配有考核生书写桌椅。

（2）室内备有工作电源 4 处以上（保护接地）。

（3）设置 2 套评判桌椅和计时秒表。

（二）考核要点

（1）给定条件：在多功能电能表仿真装置上进行检查；办理第二种工作票，现场已布置好安全措施。

（2）正确、规范使用工具、仪器、仪表、带电检查多功能电能表故障分析并处理，做相应记录。

（3）分析处理多功能表故障：电能表计量超差、不计量或少计量；电能表无显示；时钟故障；电能表失压；脉冲输出不正常；显示不完整；电能表潜动；电能表数据突变；电能表提示芯片故障。

（4）正确填写多功能电能表，检查判断故障处理分析记录单。

（三）考核时间

（1）考核时间为 25min。

（2）填写工作票。

（3）仪器仪表及工具正确使用。

（4）填写故障处理业务单。

（5）故障检查分析。

（6）故障处理。

（7）安全文明生产。

三、评分参考标准

行业：电力工程　　　　　　工种：电力负荷控制员　　　　　　等级：二

编号	FK201	行为领域	e	鉴定范围	
考核时间	25min	题型	C	含权题分	20
试题名称	多功能电能表常见故障分析、处理				
考核要点及其要求	（1）给定条件：在多功能电能表仿真装置上进行检查；已办理第二种工作票，现场已布置好安全措施。 （2）正确、规范使用工器具、仪器、仪表，带电检查多功能电能表故障，分析并处理，做相应记录。 （3）分析、处理多功能表故障：电能表计量超差、不计量或少计量；电能表无显示；时钟故障；电能表失电压；脉冲输出不正常；显示不完整；电能表潜动；电能表数据突变；电能表提示芯片故障。 （4）正确填写多功能电能表，检查判断故障分析处理记录单				
现场设备、工器具、材料	（1）工器具：碳素笔、螺钉旋具、尖嘴钳、万用表、手套。 （2）材料：故障分析处理记录单、一次性铅封。 （3）设备：装有三相多功能表模拟装置。				
备注					

			评分标准				
序号	作业名称	质量要求		分值	扣分标准	扣分原因	得分
1	开工准备	（1）穿工作服、绝缘鞋，戴安全帽、棉线手套； （2）所需仪表及配件准备齐全并检查完好； （3）履行开工手续后，对设备外壳验电		5	（1）着装每一项不符合要求扣1分； （2）未准备、检查缺一项扣1分； （3）现场未验电或验电方式不正确扣2分； （4）未按开工前交代措施扣1分		
2	仪表使用	仪表使用应正确、规范		5	（1）仪表使用错误每次扣2分（如挡位使用错误、带电切换挡位等）； （2）出现仪表掉落，一次扣1分		

147

		评分标准				
序号	作业名称	质量要求	分值	扣分标准	扣分原因	得分
3	多功能电能表计量超差潜动	准确分析电能表外部电流、电压、相序，以及极性接入是否错误，并更正接线。另外，电能表内部发生故障，如电能表某相霍尔元件损坏的或潜动采用口述方式回答	15	外部原因分析错一项扣 2 分；内部原因分析错一项扣 3 分；只记录未口述或口述错误扣 3 分		
4	多功能表显示	若液晶屏故障，更换液晶屏，若液晶屏接触不良，则将液晶屏插件插头重新拔插至接触良好为止	10	判断错误扣 10 分，判断正确未更正扣 5 分		
5	电能表显示	用万用表查看线路是否有电压，接入电压是否按照标定的额定电压接入。电能表内部工作电源故障或液晶屏损坏采用口述方式回答	10	外部原因分析错一项扣 3 分；内部原因分析错一项扣 3 分；只记录未口述或口述错误扣 3 分		
6	时钟故障	判断时钟是否混乱，若混乱，则利用编程器修改时钟，或利用程序修改时钟	15	判断错误扣 15 分，不能修改时钟扣 10 分		
7	电能表失电压	具体检查判断电能表属外部故障，用万用表检查线路电压以及电压互感器二次熔丝是否熔断，若熔断，需更换。另外，若电能表内部有故障应采用口述方式回答	10	判断错误并更正少一项扣 3 分；内部原因分析错一项扣 3 分；只记录未口述或口述错误扣 2 分		
8	数据突变及芯片故障	电能表存储器故障，需更换存储器。可能是芯片损坏、电能表程序设置错误等，需更换电能表芯片或重新设置电能表程序，不能操作应采用口述方式回答	10	判断错误一项扣 5 分		

		评分标准				
序号	作业名称	质量要求	分值	扣分标准	扣分原因	得分
9	脉冲和 485 输出	用万用表 10V 挡检查接口电路。注意高电位应接 A 端，低电位接 B 端	15	判断错误扣 10 分		
10	文明生产	操作结束后，清理现场，恢复原状，将记录上交裁判，退出比赛场地；答卷填写应使用蓝（黑）色钢笔或签字笔，字迹清晰、卷面整洁，严禁随意涂改	5	（1）缺 1 个封印扣 1 分；（2）现场清理不彻底扣 2 分，未清理扣 3 分；（3）笔未按规定使用，不得分；（4）字迹潦草，难以分辨，不得分；（5）涂改过两处予以扣分，每增加一处扣 1 分		
考试开始时间				考试结束时间		合计
考生栏	编号：	姓名：		所在岗位：	单位：	日期：
考评员栏	成绩：	考评员：			考评组长：	

FK201 附：多功能表常见故障分析处理记录

多功能表常见故障分析处理记录

名称				编号				日期	
电压				电流				相序	
正向有功止码	总	峰	平	谷	反向有功止码	总	峰	平	谷	无功止码	
作业内容									

审核：　　　　　　　　　记录：

FK202　全向天线制作

一、操作

（一）工器具、材料

（1）工器具：电工个人组合工具 1 套、电子式万用表 1 块、25W 电烙铁 1 个、手钢锯 1 个、手电钻 1 个。

（2）材料：焊锡适量、助焊剂 1 盒、ϕ20mm 厚壁管铝合金管及紧固配件适量、1.0mm² 软漆包线、ϕ15mm 高导磁环 1 枚、1/2 普通 50Ω 同轴电缆馈线适量、N - J 1/2S 馈线电缆接头 1 个、高内径 ϕ20mm 高强度绝缘杆 300mm、尺寸配合安装选用安装基座及 U 型环、玻璃胶 1 支、23 号乙丙橡胶自粘防水胶带适量、配合基座及振子尺寸用螺栓螺母适量、配合基座及振子垫圈适量、配合基座及振子尺寸用手电钻钻头 1 套。

（二）安全要求

（1）使用刻刀、电钻、钢锯等时防止物理伤害。

（2）使用电源时防止触电等。

（3）使用电烙铁时防止烫伤及引起火灾。

（三）步骤与要求

（1）按给定频段裁切合适的全向天线振子尺寸。

（2）制作阻抗匹配器。

（3）选择合适的馈线及电缆头。

（4）组装电缆及接头（要求见 FK408）。

（5）按极化方向要求完成安装及防潮处理。

二、考核

（一）考核场地

考核在室内进行，相邻工位应确保距离合适，相互之间不应存在影响安全和操作的因素。

（二）考核要点

（1）按全向天线使用的频率及功率要求裁切天线材料。

（2）制作阻抗匹配器。

（3）选择馈线规格及电缆头。

（4）组装电缆及接头（要求见 FK408）。

（5）按极化方向要求完成安装及防潮处理。

（三）考核时间

（1）考核时间为 45min，从了解题目后，许可开始起计时。

（2）现场清理完毕后，汇报工作终结，记录考核结束时间。

三、评分参考标准

行业：电力工程　　　　　　工种：电力负荷控制员　　　　　　等级：二

编号	FK202	行为领域	e	鉴定范围	
考核时限	45min	题型	A	含权题分	35
试题名称	全向天线制作				
考核要点及其要求	（1）按全向天线使用的频率及功率要求裁切天线材料。 （2）制作阻抗匹配器。 （3）选择馈线规格及电缆头。 （4）组装电缆及接头（要求见 FK408）。 （5）按极化方向要求完成安装及防潮处理				
现场设备、工具、材料	（1）工器具：电工个人组合工具 1 套、电子式万用表 1 块、25W 电烙铁 1 个、手钢锯 1 个、手电钻 1 个。 （2）材料：焊锡适量、助焊剂 1 盒、ϕ20mm 厚壁管铝合金管及紧固配件适量、1.0mm^2 软漆包线、ϕ15mm 高导磁环 1 枚、1/2 普通 50Ω 同轴电缆馈线适量、N-J 1/2 S 馈线电缆接头 1 个、高内径 ϕ20mm 高强度绝缘杆 300mm、尺寸配合安装选用安装基座及 U 型环、玻璃胶 1 支、23 号乙丙橡胶自粘防水胶带适量、配合基座及振子尺寸用螺栓螺母适量、配合基座及振子垫圈适量、配合基座及振子尺寸用手电钻钻头 1 套				
备注					
评分标准					
1	着装	需正确佩戴安全帽，穿工作服、绝缘鞋，工作过程中戴手套	5	（1）未穿工作服扣 3 分，工作服未系袖扣、敞怀各扣 1 分，其他每缺一项扣 2 分； （2）工作中脱安全帽及手套各扣 2 分； （3）未正确佩戴安全帽扣 1 分	

序号	作业名称	质量要求	分值	扣分标准	扣分原因	得分
2	工器具、材料准备	一次准备齐全	20	(1) 缺工器具扣 5 分； (2) 缺一材料扣 10 分		
3	安全工作	安全组织、技术措施落实： (1) 开工； (2) 工作全过程； (3) 完工	15	(1) 开工、完工未履行手续扣 10 分； (2) 工作过程安全措施执行不到位扣 5 分		
4	天线振子及基座裁切	按全向天线使用的频率及功率要求裁切天线材料（1/4 波长整数倍长度，考虑缩短系数约 0.95 和符合功耗要求的尺寸）	10	裁切错误扣 10 分		
5	阻抗匹配器制作	按所制作天线及电缆类型制作匹配器	15	制作错误扣 15 分；不规范扣 5 分		
6	电缆及电缆头组装	选择馈线及电缆头规格并完成组装（要求见 FK409）	20	组装错误扣 15 分；不规范扣 5 分		
7	按极化要求完成天线组合	按极化方向要求组装天线及基座	5	(1) 极化方向组装错误扣 3 分； (2) 未做防潮处理扣 2 分		
8	安全文明生产	安全文明操作，不损坏工器具，不发生安全事故	10	(1) 跌落工器具每次扣 2 分，损坏仪器扣 10 分； (2) 未清理现场、未报完工各扣 5 分		
考试开始时间			考试结束时间		合计	
考生栏	编号：	姓名：	所在岗位：	单位：	日期：	
考评员栏	成绩：	考评员：		考评组长：		

一、操作

（一）工器具

电工个人组合工具 1 套、电子式万用表 1 块、AV3942A 便携式场强测试仪 1 台、SX-400 通过式功率计（配不小于 15W 负荷）1 个、音频信号发生器 1 台、S331D 驻波比测试仪 1 台、3m 人字梯 1 架、对讲机 2 部。

（二）安全要求

（1）按要求填写第二种工作票。

（2）调整天线，登高作业时防止高处坠落或坠物伤人或损坏设备。

（3）做好防止误动开关的安全措施。

（三）步骤及要求

（1）设备上电前检查。

（2）上电后用电设备状态检查。

（3）通信参数检查及设置（主站分配的信道、终端地址）。

（4）电台工作频道检测。

1）语音通话测试；

2）数传通信测试。

（5）天线方向及高度检查、调整（主站发标准信号）。

（6）简单调试。

1）现场通信参数设置（主站分配的信道、终端地址）；

2）语音通信清晰度试验；

3）感官杂音干扰等试验；

4）数据解析稳定性试验（长短数据包测试）。

（7）仪器检测（要求能做全部检测，但考虑到考评时间及项目分配实际考评时由考评员指定选做其中内容）：

1）利用标准信号发生器测发射频偏；

2）利用标准信号发生器测发射功率；

3）利用标准信号发生器测天馈线的驻波比；

4）利用场强测量仪测接收信号场强及最好接收高度及方向。

（8）终端其他参数、功能下发及采集测试。

二、考核

（一）考核场地

考试在室内进行，相邻工位应确保距离合适，相互之间不应存在影响安全和操作的因素。

（二）考核要点

（1）安全、技术措施的落实。

（2）按符合要求的技术指标测试。

（3）采取必要的措施，避免测试中粗大误差的发生。

（4）天线方向及高度检查、调整。

（5）首先采用简单调试，在通信质量难以保障甚至故障难以判断的情况下，由考评员指定选做仪器检测中内容。

（6）做好调试档案记录。

（三）考核时间

（1）考核时间为 30min，从了解题目后，许可开始起计时。

（2）现场清理完毕后，汇报工作终结，记录考核结束时间。

三、评分参考标准

行业：电力工程　　　　　　　工种：电力负荷控制员　　　　等级：二

编号	FK203	行为领域	e	鉴定范围	
考核时限	30min	题型	B	含权题分	25
试题名称	230M 专网的通信调试				
考核要点及其要求	（1）安全、技术措施的落实。 （2）按符合要求的技术指标测试。 （3）采取必要的措施，避免测试中粗大误差的发生。 （4）天线方向及高度检查、调整。 （5）首先采用简单调试，在通信质量难以保障甚至故障难以判断的情况下，由考评员指定选做仪器检测中内容。 （6）做好调试档案记录				
现场设备、工器具、材料	工器具：电工个人组合工具 1 套、电子式万用表 1 块、AV3942A 便携式场强测试仪 1 台、SX－400 通过式功率计（配不小于 15W 负荷）1 个、音频信号发生器 1 台、S331D 驻波比测试仪 1 台、3m 人字梯 1 架、对讲机 2 部				
备注					

		评分标准				
序号	作业名称	质量要求	分值	扣分标准	扣分原因	得分
1	着装	需正确佩戴安全帽,穿工作服、绝缘鞋,工作过程中戴手套	5	(1)未穿工作服扣3分,工作服未系袖扣、敞怀各扣1分,其他每缺一项扣2分; (2)工作中脱安全帽及手套各扣2分; (3)未正确佩戴安全帽扣1分		
2	工器具、材料准备	(1)一次性选好所需工具; (2)一次性备好需要的测量仪器、仪表	10	(1)缺一项工器具扣5分; (2)缺一仪表扣10分		
3	安全工作	(1)按要求填写第二种工作票; (2)调整天线,登高作业时防止高处坠落或坠物伤人或损坏设备; (3)做好防止误动开关的安全措施	15	(1)开工、完工未履行手续扣10分; (2)工作过程安全措施执行不到位扣5分		
4	设备通电前检查	设备通电前检查有无未完工项目及对设备和人员有无安全隐患	2	无此步骤上电扣2分		
5	通电后用电设备状态检查	通电后设备及现场状态有无异常	2	通电后无再检查扣2分		
6	通信参数检查及设置	主站分配的信道、终端地址设置	10	(1)未核对信道或设置错误扣5分; (2)未核对终端地址或设置错误扣5分		
7	简单感观检查	语音通话测试、数传通信测试	5	(1)未测试语音通话扣5分; (2)未测试数传通信扣5分		
8	天线方向及高度检查、调整	主站发标准信号,利用场强仪测试配合,调整天线方向及高度使接收信号最好	20	(1)使用仪器、仪表前未预热至仪器仪表能稳定工作扣5分; (2)未核对设计方向扣10分; (3)未做调整试验扣10分		

		评分标准				
序号	作业名称	质量要求	分值	扣分标准	扣分原因	得分
9	仪器检测	利用仪器仪表检查、调整通信系统，确保系统指标完好	10	（1）使用仪器、仪表前未预热至仪器仪表能稳定工作扣5分； （2）使用不正确扣5分		
10	档案整理	调试档案的记录与整理	6	（1）未记录调试档案扣6分； （2）记录不全或混乱扣3分		
11	安全文明生产	安全文明操作，不损坏工器具，不发生安全事故	15	（1）跌落工器具每次扣2分，损坏仪器扣10分； （2）未清理现场、未报完工各扣5分		
考试开始时间				考试结束时间	合计	
考生栏	编号：	姓名：		所在岗位：	单位：	日期：
考评员栏	成绩：	考评员：			考评组长：	

一、操作

（一）工器具及设备

（1）工器具：扳手，平口、十字螺钉旋具（大、中、小、号），尖嘴钳，老虎钳，剥线钳，万用表等。

（2）设备：SX系列功率计（附带标准负荷）、标准信号发生器、230电台及天线等。

（二）安全要求

（1）（现场测量时）填用第二种工作票。

（2）（现场测量时）完成工作许可制度。

（3）（现场测量时）防止工作中引起控制开关误跳闸。

（4）（现场测量时）登高作业时防止高处坠落或坠物伤人或损坏设备。

（5）防止测量时高频电缆开路或短路损坏电台。

（三）步骤与要求

1. 设备的连接

将终端电台与天线断开，用50Ω同轴电缆将功率计背部TX孔与负控终端电台输出连接，ANT孔与天线的同轴电缆连接。

2. 测量发射功率（FWD）

将仪表按要求连接，并检查表计外观和零位指示是否正常后进行如下操作：

（1）FUNCTION开关置于POWER位置。

（2）POWER开关置于FWD（发射功率）位置。

（3）RANGE开关根据设备的输出功率大小选择适当的位置（如终端的输出功率一般小于10W，则将开关选择在20W挡；主站设备的输出功率约为25W，则将功能开关选择在200W挡；对于部分设备输出功率的大小不能确定时，尽量选择最大功率挡，再根据实测结果进行调整）。

（4）将AVG/PEP MONI开关置于弹出位置。

（5）启动终端强制通话，使通话指示灯点亮，按下通话 PTT 按键，使电台发出载波。

（6）读取表头相应挡位的指针指示即为电台的发射功率的平均值。

（7）如要测量峰值功率，将 AVG/PEP MONI 开关置于压下位置，按下通话 PTT 按键并喊话或注入信号，表头能根据话筒送出的声音或注入的信号进行同步指示，并按比例显示功率。

3. 测量反射功率（REF）

（1）FUNCTION 开关置于 POWER 位置。

（2）POWER 开关置于 REF 位置。

（3）RANGE 开关选择适当的功率位置（由于不知道反射的大小，此挡位的选择同测量发射功率时的挡位选择要求相同）。

（4）将 AVG/PEP MONI 开关置于弹出位置。

（5）启动终端强制通话，使通话指示灯点亮，按下通话 PTT 按键，使电台发出载波。

（6）读取表头相应挡位的指针指示即为电台的反射功率的平均值。

（7）表头指示数值较小时，将 RANGE 开关切换到较低挡位。

4. 测量驻波比（SWR）

（1）FUNCTION 开关置于 CAL 位置。

（2）CAL 旋钮逆时针方向调到最小位置。

（3）按下通话按键，使电台发出载波，顺时针调节 CAL 旋钮，使表头指针指在 "▽" 位置。

（4）FUNCTION 开关切换到 SWR 位置，表头示数即为天线的驻波比。

需要说明的是，表头 SWR 量程分 H、L 两挡，发射功率小于 5W 时读 L 量程的读数，发射功率大于 5W 时读 H 量程的读数。

5. 测量数据分析

用功率计可以对电台和天馈线系统进行参数测定，对设备的运行质量进行检查，发射功率的大小反映电台本身的运行质量，通过与出厂数据对比或测定数值分析（同类设备的发射功率在数值上比较接近），即可确定其工况。反射功率的大小反映电台与天馈线之间的匹配程度或天线所处环境是否符合要求，测量的反射功率小，则天线的效率高，电台发射的功率全部由天线辐射出去，天馈线处于理想状态；反之说明有部分电波从天线返回，使天线的输送效率下降，说明天馈线存在问题需要处理。由于反射功率的大小不能反映其真实信息（如 8W 设备的反射功率和 50W 设备的反射功率相同，此时反射功率的数值不能反映天馈线的效率），所以引入驻波比参数，驻波比和反射功率的关系见表 FK204-1。

表 FK204-1 　　　　　　　　　　驻波比和反射功率对照表

驻波比	1	1.1	1.2	1.5	2.0	2.5	3
反射功率（%）	0	0.22	0.8	4.0	11.1	18.4	25

驻波比大于 1.2 时，应考虑馈线、天线质量及接头连接是否良好，可用万用表进一步检查回路的导通和馈线的绝缘情况，还应考虑天线周围的环境影响。

6. 用功率计判别天馈线

先将功率计的 TX 端接测试电台，ANT 端接标准负荷。若驻波比大于 1.5，则电台的输出阻抗不匹配，需将电台返厂维修；若驻波比小于 1.5，则电台无故障，再将 ANT 端用天馈线取代标准负荷进行测试，测试结果及现场处理方法见表 FK204-2。

表 FK204-2 　　　　　　　　　　天馈线驻波比及现场处理方法

天馈线驻波比 SWR	现场情况	可能故障	处理方法
<1.5	距离近，无阻挡	天线坏，增益下降	更换天线
	距离远或有阻挡	场强太小	升高天线
1.5>SWR>全反射		天馈线坏或开路	需进一步检查
全反射		天馈线短路	需进一步检查

由表 FK204-2 可知，当天馈线驻波比大于 1.5 时，可判定天馈线有故障。但需进一步确定是天线还是馈线故障，此时将功率计串入天线馈线和天线之间，TX 端接馈线，ANT 端先后接入标准负荷和天线进行比较，天馈线故障判断和处理方法见表 FK204-3。

表 FK204-3 　　　　　　　　　　天馈线故障判断和处理方法

接天线驻波比	接标准负荷驻波比	进一步检查	可能故障	处理方法
>1.5	<1.5		天线坏	更换天线
>1.5	>1.5		天线馈线坏	更换天线馈线
无功率		万用表测量天线馈线屏蔽层和芯是否短路	不短路，天馈线开路	重做电缆头
			短路，天馈线短路	重做电缆头或更换天线馈线
全反射	<1.5		天线短路	更换天线

二、考核

（一）考核场地

考试在室内进行，相邻工位应确保距离合适，相互之间不应存在影响操作和安全的因素。

（二）考核要点

（1）安全、技术措施的落实。

（2）按符合要求的技术指标测试。

（3）防止仪器损坏。

（三）考核时间

（1）考核时间为 30min，从了解题目后，许可开始起计时。

（2）现场清理完毕后，汇报工作终结，记录考核结束时间。

三、评分参考标准

行业：电力工程　　　　　　工种：电力负荷控制员　　　　　等级：二

编号	FK204	行为领域	e	鉴定范围	
考核时限	30min	题型	B	含权题分	25
试题名称	使用功率计检测电台的性能				
考核要点及其要求	（1）安全、技术措施的落实。 （2）按符合要求的技术指标测试。 （3）防止仪器损坏				
现场设备、工器具、材料	（1）工器具：扳手，平口、十字螺钉旋具（大、中、小号），尖嘴钳，老虎钳，剥线钳，万用表等。 （2）设备：SX 系列功率计（附带标准负荷）、标准信号发生器、230 电台及天线等				
备注					

			评分标准				
序号	作业名称	质量要求		分值	扣分标准	扣分原因	得分
1	着装	需正确佩戴安全帽，穿工作服、绝缘鞋，工作过程中戴手套		5	（1）未穿工作服扣 3 分，工作服未系袖扣、敞怀各扣 1 分，其他每缺一项扣 2 分； （2）工作中脱安全帽及手套各扣 2 分； （3）未正确佩戴安全帽扣 1 分		
2	工器具、材料准备	（1）一次性选好所需工具； （2）一次性准备好需要的测量仪器、仪表		5	（1）缺一项工器具扣 5 分； （2）缺一仪表扣 10 分		

评分标准

序号	作业名称	质量要求	分值	扣分标准	扣分原因	得分
3	安全工作	(1) 按要求填写第二种工作票； (2) 登高作业时防止高处坠落或坠物伤人或损坏设备； (3) 做好防止误动开关的安全措施	5	(1) 开工、完工未履行手续扣10分； (2) 工作过程安全措施执行不到位扣5分		
4	标准信号发生器检查调整	严格控制输入信号频率、电平及输入阻抗	10	(1) 未检查、调整频率扣5分； (2) 未检查、调整电平扣5分； (3) 未检查、输出阻抗扣5分		
5	功率计及标准负荷检查、调整	按电台输出功率要求范围、负荷功率及阻抗检查、调整	10	(1) 未检查、调整输出功率范围扣5分； (2) 未检查、调整负荷功率及阻抗扣5分		
6	测量发射功率	(1) 设备连接正确； (2) 操作规范，不损坏设备； (3) 数据读取正确； (4) 结论正确	10	(1) 连接错误不得分； (2) 损坏设备不得分； (3) 结论错误不得分； (4) 数据读取错误扣10分		
7	测量反射功率		10			
8	测量驻波比 SWR		15			
9	用功率计判别天馈线		20			
10	安全文明生产	安全文明操作，不发生安全事故	10	(1) 跌落工器具每次扣2分； (2) 未清理现场、未报完工各扣5分		

考试开始时间		考试结束时间		合计	
考生栏	编号：　姓名：	所在岗位：　单位：		日期：	
考评员栏	成绩：　考评员：		考评组长：		

FK205 高压电能计量装置故障检查、分析与处理

一、操作

（一）工器具、材料和设备

（1）工器具：电筒、试电笔、十字螺钉旋具、平口螺钉旋具、尖嘴钳、安全带、脚扣、扶梯。

（2）材料：一次性铅封、尼龙绑扎带、错误接线检查及分析记录单、用电检查结果通知书。

（3）设备：客户运行中电能计量装置、三相电能表接线智能仿真装置、手持式双钳数字相位伏安表。

（二）安全要求

（1）正确填用、履行第二种工作票，工作服、安全帽、手套整洁、完好、符合要求，工器具绝缘良好，整齐完备。

（2）检查计量柜（箱）接地良好，对外壳验电，确认无电。

（3）戴线手套，使用绝缘工具，保持与带电设备的安全距离，防止触电及短路事故的发生。

（4）正确选择相位伏安表挡位、量程，严禁带电换挡。

（5）加强监护，严防接地、TV 二次回路短路、TA 二次回路开路。

（6）若在客户运行现场中，需登高 2m 以上应系好安全带，保持与带电设备的安全距离，设专人扶梯。

（7）查看周边环境，制订现场安全防护措施，严禁扩大工作范围。

（三）步骤及要求

（1）外观检查及开工前准备。一是口述派工单已发及相关内容；二是按给定的条件选取工器具，检查外观、绝缘良好；三是填写工作票，履行开工手续，交代危险点和防范措施。对计量柜体金属裸露部分验电，确认无电后开启封铅，使用相位伏安表在电能表接线盒处测试。

（2）抄录数据。待测计量装置信息（电能表型号、规格、准确度等级、电流及

电压量程、出厂编号、制造厂家、TV 和 TA 变比等）。

（3）检测。

1）测量电压。将两只电压测试笔分别接在电能表试验接线端子盒电压 U12、U23、U32 端子上，测量电能表线电压值，电压测量值取整数，并记录。

2）测量电流。将电流钳表分别卡在电能表接线盒处电流端子所接导线 I1、I2 上，测量电能表接线盒处电流值，电流测量值保留小数点 2 位，并记录。

3）确定相序。将相位伏安表选择 Φ 挡，伏安表第 1、2 路电压插孔中分别插入表笔式和鳄鱼夹式电压测试线，一路接在电能表接线盒 U12 电压端子上，另一路则接在电能表接线盒 U32 电压端子上，测量表计 U12 和 U32 之间的相位角，若测出的角度为 30°，则表计电压为正相序（正相序有 3 种排列方式：U-V-W，V-W-U，W-U-V）；若测出的角度为 60°，则表计三相电压为逆相序（逆相序有 3 种排列方式：U-W-V，W-V-U，V-U-W）。如实记录在工作单上。此时一定要注意相位伏安表红色电压测试线与黑色电压测试线位置（极性方向），即测 U12 时，红色测试线接在 U1 上，黑色测试线接在 U2 上；同理测 U32 时，红色测试线接在 U3 上，黑色测试线接在 U2 上。

4）测量相位。将相位伏安表选择 Φ 挡，伏安表第 1、2 路插孔中分别插入电压测试线和电流钳表测试线，分别测量、确定电能表接线盒处 U12 和 I1、U32 和 I2 之间的相位角度并如实记录，要求数值取整数位，此时需注意电压红、黑测试线和电流钳表极性不可接错。

5）画图、判断、计算

a. 绘制相量图并分析。根据以上步骤测得的数据正确绘制相量图，分析并记录电能表错误接线形式；写出电能表第 1、2 元件分别对应接入电源的哪一相电压和哪一相电流。

b. 写功率表达式求更正系数。根据相量图分析错接线形式，写出表计错接线时的功率表达式并化为最简式。再根据规定公式 $K = P_o / P_x$，正确计算更正系数（化为最简式），式中 K 为更正系数，P_o 为表计正确接线时的功率表达式，P_x 为表计错误接线时的功率表达式。

（四）加封、清理现场、报完工

（1）签字并加封。向客户出具现场检查情况，按规定对计量装置施加封印，填写测试分析记录单，双方签字确认。

（2）收工。整理工器具，清理工作现场。办理工作终结手续，工作人员撤离工作现场。

二、考核

（一）考核场地

场地面积应能同时容纳 4 个工位（操作台），并保证工位之间的距离合适，操作面积不小于 1500mm×1500mm，设置 2 套评判桌椅和计时秒表。

（二）考核要点

（1）工器具使用正确。

（2）测试步骤正确。

（3）相量图绘制、分析正确。

（4）绘制实际接线图正确。

（5）更正系数计算正确。

（6）安全文明生产。

（三）考核时间

考核时间为 40min，从开工到终结时间，不包括选用工具、元器件时间。

三、评分参考标准

行业：电力工程　　　　　工种：电力负荷控制员　　　　　等级：二

编号	FK205	行为领域	e	鉴定范围	
考核时限	40min	题型	C	含权题分	35
试题名称	高压电能计量装置故障检查、分析与处理				
考核要点及其要求	（1）给定条件：在三相电能表接线智能仿真装置上进行三相三线电能计量装置接线检查；负荷性质为感性，功率因数角为 0°～30°，测量前已经办理了第二种工作票，现场已布置好安全措施。 （2）正确、规范使用工具、仪器、仪表，带电检查三相三线有功电能表接线状况，并做相应记录（在不同计量元件上分别设置电流、电压错误至少两个以上，如相序不对应、逆序、电流反接等）。 （3）绘制实际接线相量图并推断错误接线类型，绘制实际接线图。 （4）写出实际功率表达式并化简正确。 （5）正确填写三相三线电能计量装置故障判断及分析记录单				
现场设备、工器具、材料	（1）三相电能表接线智能仿真装置。 （2）提供相位伏安表、线手套、扎带、一次性铅封。 （3）考生自备工作服、安全帽、绝缘鞋、十字螺钉旋具、平口螺钉旋具、尖嘴钳、文具				
备注					

		评分标准				
序号	作业名称	质量要求	分值	扣分标准	扣分原因	得分
1	开工准备	（1）穿工作服、绝缘鞋，戴安全帽、棉线手套； （2）所需仪表及配件准备齐全并检查完好； （3）履行开工手续后，对设备外壳验电	5	（1）着装每一项不符合要求扣1分； （2）未准备、检查缺一项扣1分； （3）现场未验电或验电方式不正确扣2分； （4）未按开工前交代措施扣1分		
2	测量及记录	（1）填写基本信息； （2）各电压值测量正确，保留整数位； （3）各电流值测量正确，保留小数点后两位； （4）测定相位角正确，保留整数位	15	（1）基本信息错误，每处扣1分； （2）少测或测错一项扣2分； （3）未填写电压相序扣2分； （4）数据未按规定保留位数记录，每处扣1分		
3	仪表使用	仪表使用应正确、规范	5	（1）仪表使用错误每次扣2分（如挡位使用错误、带电切换挡位等）； （2）出现仪表掉落，一次扣1分； （3）配件每掉落一次扣1分		
4	绘相量图和错误接线原理图	（1）正确画出第一元件、第二元件所用的电压、电流相量，且符号齐全； （2）相量图清楚、整洁	30	（1）有一个相量画错扣20分； （2）画的不准（如相位超过10°）扣3分； （3）符号不全、不符合要求（下标用小写 u、v、w）每处扣1分； （4）接线方式与结论不符扣10分； （5）接线原理图与结论不符扣10分		

		评分标准					
序号	作业名称	质量要求	分值	扣分标准	扣分原因	得分
5	误接线判断	分别写出第一、二元件所取电压和电流,电压、电流相量规范注明	20	(1)误接线,判断每错一套元件扣20分; (2)电压、电流书写不规范每处扣1分		
6	计算更正系数	根据测得数据正确写出错误接线功率表达式,写出更正系数表达式,并化为最简式	18	(1)两元件功率表达式错误,每个扣5分,功率之和结果错误5分; (2)更正系数表达式错误扣5分,未化为正确的最简式扣3分,化简步骤少于2步者扣2分		
7	清理现场	比赛项目结束后,清理现场,恢复原状,将记录上交裁判,退出比赛场地	5	(1)缺1个封印扣1分; (2)现场清理不彻底扣2分,未清理扣3分		
8	卷面整洁	答卷填写应使用蓝(黑)色钢笔或签字笔,字迹清晰、卷面整洁,严禁随意涂改	2	(1)笔未按规定使用,不得分; (2)字迹潦草,难以分辨,不得分; (3)涂改过两处予以扣分,每增加一处扣1分		

考试开始时间				考试结束时间		合计	
考生栏	编号:	姓名:		所在岗位:	单位:		日期:
考评员栏	成绩:	考评员:			考评组长:		

FK205 附:高压电能计量装置故障判断及分析记录单

高压电能计量装置故障判断及分析记录单

日期: 年 月 日

编号		姓名		所在岗位		单位	
			一、电能表基本信息				
型号			等级		出厂编号		
规格	V; A		制造厂家			电能表转向	

	二、实 测 数 据						

电压	$U_{12}=$ _____ V	电流	$I_1=$ _____ A	电压与 电流夹角	$\dot{U}_{12}\dot{I}_1$	
	$U_{23}=$ _____ V		$I_2=$ _____ A		$\dot{U}_{12}\dot{I}_1$	

电压相序为：（用 U、V、W 表示）_____

三、错误接线相量图

四、错误接线形式
第一元件：

第二元件：

五、写出错误接线时功率表达式及更正系数计算（化简不少于 2 步）

六、画出错误接线下接线原理图

FK206　购电单下发失败消缺

一、操作

（一）工器具、材料

工器具：3mm、5mm 一字螺钉旋具各 1 把，3mm、5mm 十字螺钉旋具各 1 把，尖嘴钳 1 把，老虎钳 1 把，剥线钳 1 把，150mm 活动扳手 2 把，电子式万用表 1 个。

材料：任务单、资料单若干。

（二）安全要求

按照 Q/GDW 1799.1—2013《国家电网公司电力安全工作规程　变电部分》要求进行现场安全防护。

（三）步骤与要求

1. 步骤

（1）按工作任务单要求分析购电单下发失败的可能原因，为确保用电可靠性，如主站可下发保电指令，应先下发保电指令至该终端。准备工具材料，现场作业前填用第二种工作票。

（2）完成工作许可制度。

（3）确认购电单下发失败终端和现场用户终端相符合。

（4）购电单下发失败，但主站可下发保电指令时，应先下发至该终端，防止工作中引起其他开关误跳闸，处理完后及时恢复。

（5）登高作业时防止高处坠落或坠物伤人或设备。

2. 要求

（1）按工作任务单要求分析购电单下发失败的可能原因，为确保用电可靠性，如主站可下发保电指令，应先下发保电指令至该终端。准备工具材料，填用第二种工作票。

（2）确认购电单下发失败的终端和现场用户终端相符合。

（3）说明工作任务并完成工作许可手续后再开始工作。

（4）紧急时应采取现场停用购电控跳闸控制的其他安全措施，处理完后及时恢复。

（5）终端通信及系统功能故障处理等。

二、考核

(一)考核场地
能模拟负荷控制现场包括用电采集装置、现场控制系统、开关等的考核场地。

(二)考核要点
(1)购电单下发失败消缺前必须分析故障现象,采用适当的应对方法。

(2)安全、技术措施的落实。

(3)紧急时应采取现场停用购电控跳闸控制的其他安全措施,处理完后及时恢复。

(4)终端通信及系统功能检查处理。

(三)考核时间
考核时间为30min。

三、评分参考标准

行业:电力工程 工种:电力负荷控制员 等级:二

编号	FK206	行为领域	e	鉴定范围	
考核时间	30min	题型	B	含权题分	25
试题名称	购电单下发失败消缺				
考核要点及其要求	(1)购电单下发失败消缺前必须分析故障现象,采用适当的应对方法。 (2)安全、技术措施的落实。 (3)紧急时应采取现场停用购电控跳闸控制的其他安全措施,处理完后及时恢复。 (4)终端通信及系统功能检查处理				
现场设备、工器具、材料	工器具:3mm、5mm一字螺丝刀各1把,3mm、5mm十字螺丝刀各1把,尖嘴钳1把,老虎钳1把,剥线钳1把,150mm活动扳手2把,电子式万用表1个。 材料:任务单、资料单若干				
备注					

			评分标准				
序号	作业名称	质量要求	分值	扣分标准		扣分原因	得分
1	着装	需正确佩戴安全帽,穿工作服、绝缘鞋,工作过程中戴手套	5	(1)未穿工作服扣3分,工作服未系袖扣、敞怀各扣1分,其他每缺一项扣2分; (2)工作中脱安全帽及手套各扣2分; (3)未正确佩戴安全帽扣1分			

		评分标准				
序号	作业名称	质量要求	分值	扣分标准	扣分原因	得分
2	前期准备	根据购电单下发失败的类型分析原因,准备检修材料等	10	(1)核对用户资料; (2)分析可能造成购电单下发失败的因素,如终端是否在线、购电控是否投入、是否保电状态,总加组设置是否错误,购电单信息是否正确,终端程序版本是否支持等。可口头叙述前期分析,未分析扣10分		
3	工器具、材料准备	(1)一次性选好所需工器具; (2)一次性准备好需要的测量仪器、仪表及材料	10	(1)缺一项工器具扣5分; (2)缺一仪表及材料扣5分		
4	安全工作	(1)现场作业前按要求填写二种工作票; (2)登高作业时防止高处坠落或坠物伤人或设备; (3)紧急时应采取现场停用购电控跳闸控制的其他安全措施,处理完后及时恢复	15	(1)开工、完工未履行手续扣10分; (2)紧急时未采取现场停用购电控跳闸控制的其他安全措施,处理完后未及时恢复扣15分		
5	终端通信及系统功能检查处理	(1)检查终端版本是否与主站配置一致、是否要升级; (2)检测SIM卡及现场通信信号; (3)环境是否有信号干扰; (4)核对现场通信参数; (5)检查监控总加组、电能表参数和抄读情况; (6)终端状态及功能检查	40	(1)未检查终端版本是否与主站配置一致、是否要升级扣15分; (2)未检查SIM卡及现场通信信号、环境干扰扣5分; (3)未核对通信方式、通信地址、地区编码、APN、主站IP、端口号等缺一项扣5分; (4)未检查总加组、电表参数是否正确,抄读是否正常扣10分; (5)未对终端状态(电控、功控、保电等)及功能检查扣10分		
6	填写处理结果资料变更回执单	处理结果资料收集全面准确	10	处理结果资料变更记录每缺一项扣5分		
7	安全文明生产	安全文明操作,不损坏工器具,不发生安全事故	10	(1)跌落工具每次扣2分,损坏仪器扣10分; (2)未清理现场、未报完工各扣5分		

考试开始时间			考试结束时间		合计	
考生栏		编号: 姓名:	所在岗位:	单位:	日期:	
考评员栏		成绩: 考评员:		考评组长:		

一、操作

（一）工器具、材料、设备

（1）工器具：碳素笔、电工个人组合工具、梯子。

（2）材料：故障分析处理单、一次性铅封。

（3）设备：装有集中器、专用变压器终端模拟装置4台。

（二）安全要求

（1）正确使用第二种工作票，工作服、安全帽、绝缘鞋良好符合安全要求。

（2）进入现场检查过程中，分清高低压设备，距10kV高压设备带电部分保持安全距离大于0.7m，防止电缆沟盖板损坏跌落。

（3）用万用表检查柜体带不带电。

（4）登高作业时应系好安全带，使用梯子登高作业时，应有人扶梯。

（5）发现客户违规应做好记录，及时通知相关人员处理。

（三）步骤及要求

1. 故障分析及消缺步骤

（1）集中器、终端无电源。用万用表检查终端输入电压，无电压检查电源输入回路，有电压就检查电源板。

处理办法：接通电源或更换电源板。

（2）天线故障。一是安装内置天线采集信号弱；二是天线损坏，不能接收信号；三是由于终端运行一段时间后，天线接头松动或断线。

处理办法：内置天线改为外置天线，如果地下室信号弱应加长外置天线，由原来3m天线改接10m，但不能超过10m，接收信号衰减也影响通信成功率。若天线接头松动，可找故障点处理即可。

（3）通信模块损坏。一是终端遭雷击过电压烧坏模块电子器件；二是模块自身产品质量问题。

处理方法：按照各种型号终端备用相应通信模块，及时更换，即可恢复正常。

（4）通信故障。一是终端移动（联通）信号弱不能接收通信公司信号或安装位置超出了通信公司通信覆盖范围（1～2格）；二是SIM卡受雷击损坏。

处理方法：改变终端安装位置确保信号在覆盖范围内，如果SIM卡损坏，需更换SIM卡，SIM卡可以用手机测试，判断上网情况。

（5）参数设置错误。一是设置参数（主站IP及端口APN、地址码、区域码等）不正确或不完善；二是营销系统表计编号设置与实际不对应。

处理方法：重新设置终端参数，并确保已下发到终端。另外，核实表计编号与实际是否相符，若有误应及时更正。

（6）主站故障，导致终端掉线。

处理方法：召测其他终端数据，若能通信说明专用通道与接入服务器无问题，检查终端是否有重地址，若召测其他终端数据失败则检查通道设备、接入服务器，直至故障排除。

二、考核

（一）考核场地
（1）同时容纳4个工位模拟装置，每个工位配有考核生书写桌椅。
（2）室内备有工作电源4处以上（保护接地）。
（3）设置2套评判桌椅和计时秒表

（二）考核时间要点
（1）填写工作票。
（2）仪器、仪表、工具正确使用。
（3）填写故障处理业务单。
（4）故障检查分析。
（5）故障处理。不能现场处理口述。
（6）安全文明生产。

（三）考核时间
考试总时间为25min。

三、评分参考标准

行业：电力工程　　　　　　工种：电力负荷控制员　　　　　　等级：二

编号	FK207	行为领域	e	鉴定范围	
考核时间	25min	题型	A	含权题分	20
试题名称	集中器、专用变压器终端不上线消缺				

考核要点 及其要求	(1) 给定条件：在集中器、专用变压器终端仿真装置上进行检查；办理了第二种工作票，现场已布置好安全措施。 (2) 正确、规范使用工具、仪器、仪表。 (3) 带电检查集中器、专用变压器终端故障，分析并处理，做相应记录。 (4) 分析处理集中器、专用变压器终端不上线原因：集中器、终端无电源，天线故障，通信模块损坏，通信卡故障，参数设置错误，主站故障，导致终端掉线等。 (5) 正确填写判断消缺记录单
现场设备、 工器具、材料	(1) 集中器、专用变压器终端仿真装置。 (2) 提供线手套、扎带、一次性铅封。 (3) 考生自备工作服、安全帽、绝缘鞋、电工个人组合工具、文具
备注	

评分标准

序号	作业名称	质量要求	分值	扣分标准	扣分原因	得分
1	开工准备	(1) 穿工作服、绝缘鞋，戴安全帽、棉线手套； (2) 所需仪表及配件准备齐全并检查完好； (3) 履行开工手续后，对设备外壳验电	5	(1) 着装每一项不符合要求扣1分； (2) 未准备、检查缺一项扣1分； (3) 现场未验电或验电方式不正确扣2分； (4) 未按开工前交代措施扣1分		
2	仪表使用	仪表使用应正确、规范	5	(1) 仪表使用错误每次扣2分（如挡位使用错误、带电切换挡位等）； (2) 出现仪表掉落，一次扣1分		
3	集中器、终端电源检查	准确分析集中器、终端外部有无电源；检查内部电源板是否发生故障是否需要更换	15	(1) 外部原因分析错一项扣5分； (2) 内部原因分析错一项扣5分； (3) 只记录未更换或口述错误扣5分		
4	天线故障检查	准确分析处理集中器、终端天线故障（断线、接触良等）	10	判断错误扣10分，判断正确未更正扣5分		

			评分标准			
序号	作业名称	质量要求	分值	扣分标准	扣分原因	得分
5	通信模块检查	正确判断通信模块有无损坏，如损坏应停电更换	10	判断错误扣 10 分，判断正确未更正扣 5 分，未停电更换扣 10 分		
6	通信故障检查	正确判断通信故障（SIM 卡接触不良，损坏或未认证建档）	15	判断错误扣 15 分，判断正确未处理扣 10 分		
7	参数设置错误消缺	正确判断参数设置（主站 IP 及端口 APN、地址码、区域码、用户编号）	20	判断错误并更正，少一项扣 4 分；判断正确未更正扣 10 分		
8	主站故障检查消缺	正确判断主站通道设备（光纤收发器、路由器）、接入服务器	15	判断错误一项扣 5 分		
9	文明生产	操作结束后，清理现场，恢复原状，将记录上交裁判，退出比赛场地答卷填写应使用蓝黑色钢笔或签字笔，字迹清晰、卷面整洁，严禁随意涂改	5	（1）缺一个封印扣 1 分；（2）现场清理不彻底扣 2 分，未清理扣 3 分；（3）笔未按规定使用，不得分；（4）字迹潦草，难以分辨，不得分；（5）涂改超过两处予以扣分，每增加一处扣 1 分		
考试开始时间				考试结束时间		合计
考生栏	编号：	姓名：		所在岗位：	单位：	日期：
考评员栏	成绩：	考评员：			考评组长：	

FK207 附：集中器、专用变压器终端不上线消缺记录

集中器、专用变压器终端不上线消缺记录

名称		编号		日期	
规格		型号		类别	
作业内容					

审核：　　　　　　　　　　　　　　　记录：

一、操作

（一）工具、材料、设备

（1）工具：碳素笔、电工个人组合工具、梯子、相序表、操控器、携带式电脑。

（2）材料：故障分析处理单、一次性铅封。

（3）设备：装有集中器、专用变压器终端、多功能三相表、智能单相表模拟装置 4 台。

（二）安全要求

（1）正确使用第二种工作票，工作服、安全帽、绝缘鞋良好符合安全要求。

（2）进入现场检查过程中，分清高低压设备，距 10kV 高压设备带电部分保持安全距离大于 0.7m，防止电缆沟盖板损坏跌落。

（3）用试电笔检查柜体带不带电。

（4）登高作业时应系好安全带，使用梯子登高作业时，应有人扶梯。

（5）发现客户违规应做好记录，及时通知相关人员处理。

（三）原因分析及处理步骤

（1）系统参数设置错误：表计通信规约与系统下发到终端的规约通信地址、端口、波特率等不匹配。

处理方法：在系统重新核对参数并下发到终端，一般智能表波特率为 2400bit/s，通信规约一般为 DL/T 645—2007《多功能电能表通信协议》；多功能表波特率为 1200bit/s，通信规约一般为 DL/T 645—2007；终端接一路，系统上设二号端口，终端接二路，系统上设三号端口。

（2）时钟有误差：终端实际时间与系统时间误差大，表计时间与系统时间有误差。

处理方法：终端时间误差可以通过系统对时，若表计时间有误，可以用对应厂家程序修改表计时间。必要时请厂家技术人员配合。

（3）终端长期运行至内存不足：部分终端由于程序设计时，内存分配不合理，运行时间长造成运行出错等问题。

处理方法：利用采集系统对终端进行复位，数据区初始化，再重新下发相关参数。

（4）终端程序需升级：部分终端程序陈旧，不适应新规约、新数据要求。

处理方法：采用对应厂家升级程序对专用变压器终端进行升级，对集中器可以采用对应厂家提供的升级模块进行升级，必要时请厂家技术人员指导。

（5）RS485接口故障：RS485接口的差分驱动、光电隔离元件及接线端子是最易受外部因素影响造成抄表故障的部位。

（6）表计载波方案与集中器不匹配：查看电表载波方案与集中器载波方案是否一致，若不一致，则判断为表计载波方案与终端不匹配。

处理方法：更换表计载波模块或终端载波模块。

（7）未接零线：检查集中器零线端子是否接错或不对应，集中器零线端子是否与接线盒零线端子接通，接线盒零线是否与变压器零线接通。若终端零线未接通，则判断终端未接零线。

处理方法：找到台区集中器的位置，接通零线。

（8）集中器、电表载波模块损坏：载波模块是数据交换的关键部件，在排除线路故障的情况下，其出现故障的可能性很大。

处理方法：使用模块替代法对故障台区的集中器或表计载波模块进行替换处理。

（9）表计故障及三相表相序接错：表计黑屏、死机等。

处理方法：现场查看对应表计是黑屏则更换表计，死机则可重启，用相序表检查并更正三相表接线错误。

（10）表计台区与集中器所接台区不对应：主站设置台区参数，不符合现场实际情况造成抄表失败。

处理方法：用抄控器查看电表所接台区是否与集中器一致，若不一致，则将表计重接在与集中器对应台区。

二、考核

（一）考核场地

（1）同时容纳4个工位模拟装置，每个工位配有考核书写桌椅。

（2）室内备有工作电源4处以上（保护接地）。

（3）设置2套评判桌椅和计时秒表。

（二）考核要点

（1）填写工作票。

（2）仪器、仪表、工具正确使用。

（3）填写故障处理业务单。

（4）故障检查分析。

（5）故障处理。不能现场处理口述。

（6）安全文明生产。

（三）考核时间

考试总时间为 30min。

三、评分参考标准

行业：电力工程　　　　　　工种：电力负荷控制员　　　　　　等级：二

编号	FK208	行为领域	e	鉴定范围	
考核时间	30min	题型	A	含权题分	25
试题名称	集中器、专用变压器终端抄表失败消缺				
考核要点及其要求	（1）给定条件：在装有集中器、专用变压器终端三相多功能表、单相智能表模拟装置上进行检查；办理了第二种工作票，现场已布置好安全措施。 （2）正确、规范使用工具、仪器、仪表，带电检查集中器、专用变压器终端抄表失败故障，作相应记录。 （3）分析处理集中器、专用变压器终端抄表失败故障。 （4）正确填写集中器、专用变压器终端检查判断记录单				
现场设备、工器具、材料	（1）装有集中器、专用变压器终端三相多功能表、单相智能表仿真装置4套。 （2）提供线手套、扎带、一次性封铅、便携式电脑。 （3）考生自备工作服、安全帽、绝缘鞋、电工个人组合工具、文具				
备注					
评分标准					

序号	作业名称	质量要求	分值	扣分标准	扣分原因	得分
1	开工准备	（1）穿工作服、绝缘鞋，戴安全帽、棉线手套； （2）所需仪表及配件准备齐全并检查完好； （3）履行开工手续后，对设备外壳验电	5	（1）着装每一项不符合要求扣1分； （2）未准备、检查缺一项扣1分； （3）现场未验电或验电方式不正确扣2分； （4）未按开工前交代措施扣1分		

<table>
<tr><td colspan="7" align="center">评分标准</td></tr>
<tr><td>序号</td><td>作业名称</td><td>质量要求</td><td>分值</td><td>扣分标准</td><td>扣分原因</td><td>得分</td></tr>
<tr><td>2</td><td>仪表使用</td><td>仪表使用应正确、规范</td><td>5</td><td>（1）仪表使用错误每次扣2分（如挡位使用错误、带电切换挡位等）；
（2）出现仪表掉落，一次扣1分</td><td></td><td></td></tr>
<tr><td>3</td><td>检查更正参数</td><td>准确检查分析表计通信规约与系统下发到终端的规约是否匹配、通信地址、端口、波特率是否正确并修改</td><td>20</td><td>（1）原因分析错一项扣5分；
（2）只记录错误未更正每项扣3分</td><td></td><td></td></tr>
<tr><td>4</td><td>时钟校对</td><td>正确判断终端、表计时间并对时，对表计利用程序修改时钟</td><td>10</td><td>判断错误扣10分，判断正确未更正扣5分，只判断一项并未更正得2分</td><td></td><td></td></tr>
<tr><td>5</td><td>终端复位</td><td>正确判断终端数据库满，并采用系统对终端初始化</td><td>10</td><td>（1）分析错或未分析扣10分；
（2）只分析正确未对终端初始化扣5分</td><td></td><td></td></tr>
<tr><td>6</td><td>终端、集中器升级</td><td>分析判断终端、集中器是否升级，并利用程序或模块升级</td><td>10</td><td>判断错误扣10分，判断正确但不能升级到新程序扣5分</td><td></td><td></td></tr>
<tr><td>7</td><td>检查处理RS485接口故障</td><td>用万用表10V挡检查接口电路有无故障，注意表笔极性（口述）</td><td>10</td><td>判断错误并更正少一项扣5分</td><td></td><td></td></tr>
<tr><td>8</td><td>模块检查</td><td>正确分析集中器与表计载波方案是否匹配，检查模块是否损坏并更换</td><td>10</td><td>（1）判断错误一项扣5分；
（2）只判断未更换扣5分</td><td></td><td></td></tr>
<tr><td>9</td><td>接线检查</td><td>用万用表500V挡检查集中器零线是否接好，用相序表检查表计电压相序</td><td>10</td><td>判断错误扣10分；少判断一项扣5分，少更正一项扣2~3分</td><td></td><td></td></tr>
<tr><td>10</td><td>接错台区</td><td>正确分析集中器与表计是否接错台区</td><td>5</td><td>判断错误扣5分</td><td></td><td></td></tr>
</table>

评分标准							
序号	作业名称	质量要求	分值	扣分标准	扣分原因	得分	
11	文明生产	操作结束后，清理现场，恢复原状，将记录上交裁判，退出比赛场地答卷填写应使用蓝黑色钢笔或签字笔，字迹清晰、卷面整洁，严禁随意涂改	5	（1）缺1个封印扣1分； （2）现场清理不彻底扣2分，未清理扣3分； （3）笔未按规定使用，不得分； （4）字迹潦草，难以分辨，不得分； （5）涂改过两处予以扣分，每增加一处扣1分			
考试开始时间			考试结束时间			合计	
考生栏	编号：	姓名：	所在岗位：	单位：		日期：	
考评员栏	成绩：	考评员：		考评组长：			

FK208 附：集中器、专用变压器终端抄表消缺记录单

集中器、专用变压器终端抄表消缺记录单

名称					编号					日期	
规格					型号					相序	
正向有功止码	总	峰	平	谷	反向有功止码	总	峰	平	谷	无功止码	
作业内容											

审核：　　　　　　　　　　　记录：

专用变压器终端安装调试

一、操作

（一）工器具、材料、设备

（1）工器具：电工个人组合工具 1 套、三相四线联合接线端子盒 2 只。

（2）材料：$2 \times 0.5 mm^2$ 485 通信线 1m、水性笔一只、$2.5 mm^2$ 单股铜芯线 1m。

（3）设备：能访问营销及采集系统计算机（含操作账号）1 台，三相四线（13 规约）专用变压器终端 1 台，三相四线（鄂规）多功能电能表 1 只，三相四线（07 规约）智能表 1 只，具有三相 220V 低压电源及开关，带电能表室和负控设备室配电柜 1 台。

（二）前期准备

（1）营销及采集系统测试库应提前搭好。

（2）两只电能表及端子盒应提前在配电柜内安装好。

（3）专用变压器终端安装位置应在配电柜内预留。

（三）安全要求

（1）严格按照 Q/GDW 1799.1—2013《国家电网公司电力安全工作规程 变电部分》完成现场安装工作。

（2）严格执行国网公司计算机管理规范要求。

（3）严格按操作权限使用营销及采集系统。

（四）步骤及要求

（1）确认现场环境、工作票内容及危险点。

（2）验电，完成负控终端安装接线。

（3）填写现场工作单。

（4）登录营销采集系统完成终端建档调试。

（5）通过采集主站远程试抄。

二、考核

（一）考核场地

专用变压器终端现场，相邻工位应确保距离合适，不应存在影响安全的其他因素。

（二）考核要点

（1）验电。

（2）专用变压器终端安装及端口盒联合接线。

（3）现场工作单填写。

（4）专用变压器终端系统建档流程。

（5）负控终端参数设置及调试。

（三）考核时间

考核时间为 40min。

三、评分参考标准

行业：电力工程　　　　　　　　　工种：电力负荷控制员　　　　　　　　　等级：二

编号	FK209	行为领域	e	鉴定范围	
考核时间	40min	题型	C	含权题分	25
试题名称	专用变压器终端安装调试				
现场设备、工器具及材料	（1）工器具：个人组织工具 1 套、三相四线联合接线端子盒 2 只。 （2）材料：2×0.5mm² 485 通信线 1m、水性笔 1 只、2.5mm² 单股铜芯线 1m。 （3）设备：能访问营销及采集系统计算机（含操作账号）1 台，三相四线（13 规约）专变终端 1 台，三相四线（鄂规）多功能电能表 1 只，三相四线（07 规约）智能表 1 只，具有三相 220V 低压电源及开关，带电能表室和负控设备室配电柜 1 台				
考核要点及其要求	（1）验电。 （2）专用变压器终端安装及端口盒联合接线。 （3）现场工作单填写。 （4）专用变压器终端系统建档流程。 （5）负控终端参数设置及调试				

			评分标准				
序号	作业名称	质量要求		分值	扣分标准	扣分原因	得分
1	着装	穿干净整洁棉质工作服		5	未穿工作服扣 5 分，工作服不整洁扣 2 分		
2	开工许可	询问工作票内容及危险点，签字确认并经许可后开工		5	未确认工作内容及危险点、未报开工各扣 3 分		
3	验电	检验柜门、端子盒各回路是否带电		5	未对柜门及端子盒验电，每处扣 3 分		

			评分标准			
序号	作业名称	质量要求	分值	扣分标准	扣分原因	得分
4	终端安装	完成终端安装及端子盒联合接线	25	（1）电源线接线错误，扣10分； （2）485线接线错误，每处扣2分； （3）SIM卡安装错误，扣5分； （4）终端端子盖、端子盒盖、天线安装不规范，每处扣2分		
5	安全文明生产	工作环境整洁	5	现场未清理扣5分		
6	系统建档	完成终端建档流程	20	（1）未完成终端建档，扣20分； （2）SIM卡信息、前置机、测量点、电能表交流采样参数建档错误，每处扣5分		
7	参数设置调试	正确设置终端上线及抄表参数，并远程下发	30	（1）前置机IP、端口、APN设置错误，每处扣5分； （2）通信规约、通信端口、波特率设置错误，每处扣5分		
8	远程试抄	远程抄表并核对止码	5	（1）试抄未成功，扣5分； （2）未核对止码，扣5分		
考试开始时间				考试结束时间		合计
考生栏		编号： 姓名：		所在岗位： 单位：		日期：
考评员栏		成绩： 考评员：		考评组长：		

FK209 附：安装工单

安 装 工 作 单

用户名称（编号）				操作人				
序号	作业程序		作业要求及检查情况					
1	终端信息	出厂编号		SIM卡号		区位码/地址码		/
2	电能表信息	表1 表2	出厂编号		厂家		表类型	止码

一、施工

（一）设备

电脑、SIM 卡。

（二）安全要求

操作过程中，考评员负责监护，如考生存在可能危及安全的操作，考评员有权终止考评，并取消考生本项考试资格。

（三）步骤及要求

（1）登录电力用户用电信息采集系统主站，找到被试计量装置相对应的终端档案。

（2）进入采集系统主站的数据召测界面，召测分析所需的所有规约项数据并正确记录。

（3）依据所召测的各项数据进行错误接线分析，并画出对应的错误接线图。

（四）完工检查

（1）关闭采集系统主站。

（2）清理工作现场、上交工作记录，报完工后撤离现场。

二、考核

（一）考核场地

考试在室内进行，相邻工位应确保距离合适，不应存在影响安全的其他因素。

（二）考核要点

1. 安全

（1）个人安全防护。

（2）安全措施执行。

2. 技能

（1）能够熟练使用"电力用户用电信息采集系统主站"。

（2）对于现场计量装置错误接线分析所需数据项的准确抄读。

（3）本项目用于一、二级的考核，其中二级工对简单的错误接线进行分析，一级工对复杂的错误接线进行分析。

（4）记录完整性。

（三）考核时间

（1）考试总时间为 30min。

（2）许可开工后即开始计时，满 30min 终止考试。

（3）考试时间内，考生报完工后记录为考试结束时间。

三、评分参考标准

行业：电力工程　　　　　　工种：电力负荷控制员　　　　　　等级：二／一

编号	FK210（FK101）	行为领域	e	鉴定范围	
考核时间	30min	题型	A	含权题分	25
试题名称	利用采集系统数据对电能计量装置错误接线进行检查、分析、处理				
考核要点及其要求	（1）抄读分析所需的所有数据规约项。 （2）依据所记录的各项数据绘制出正确的错误接线图。 （3）确认记录完整、正确				
现场设备、工器具、材料	电脑、SIM 卡				
备注					

评分标准

序号	作业名称	质量要求	分值	扣分标准	扣分原因	得分
1	着装	需正确佩戴安全帽，穿工作服、绝缘鞋，工作过程中戴手套	10	（1）未穿工作服扣 3 分，工作服未系袖扣、敞怀各扣 1 分，其他每缺一项扣 2 分； （2）工作中脱安全帽及手套各扣 2 分； （3）未正确佩戴安全帽扣 1 分		
2	采集主站正确登录	登录采集系统主站，找出被试采集终端的设备档案和电能计量装置	20	（1）未依照正确的用户名和密码登录系统主站扣 2 分； （2）未确认专变采集终端通信信道的扣 3 分； （3）登录采集主站后开启必要的项目（终端档案维护、终端资产管理、数据召测），漏开一项扣 2 分，多开一项扣 1 分		

评分标准						
序号	作业名称	质量要求	分值	扣分标准	扣分原因	得分
3	数据规约项的正确采集	找到"数据召测"界面，查询进行错误接线分析所必需的数据规约项	30	（1）采集必备项为0CF025（当前三相及总有/无功功率、功率因素，三相电压、电流、零序电流、视在功率）和0CF049（当前电压、电流相位角），漏抄每一项扣10分；（2）填写虚假数据的扣30分		
4	错误接线的简单分析	依据查询所得的相关数据，对电能计量装置进行简单的错误接线分析	30	（1）相序判断错误扣5分；（2）错误接线图绘制错误扣5分；（3）检查结论不正确扣5分		
5	安全文明生产	安全文明操作，不损坏工器具，不发生安全事故	10	（1）报告填写不完整扣5分；（2）未清理现场、未报完工各扣5分		
考试开始时间				考试结束时间		合计
考生栏	编号：	姓名：		所在岗位：	单位：	日期：
考评员栏	成绩：	考评员：			考评组长：	

FK102　主站与终端设备的联调

一、操作

(一) 工器具、材料、设备

(1) 工器具：万用表、尖嘴钳、斜口钳、剥线钳、试电笔、平口螺钉旋具、梅花钉旋具。

(2) 材料：终端调试记录单、绝缘胶布、一次性铅封。

(3) 设备：终端运行模拟环境（模拟主站、电脑、营销仿真库、采集仿真库、模拟配电盘含终端及电能表，现场检测仪）。

(二) 安全要求

(1) 现场设防护围栏、警示牌，配电盘前敷设绝缘垫。

(2) 考生需穿工作服、绝缘鞋，戴安全帽及手套，口述安全措施且由考评员许可后开工。

(3) 操作过程中，考评员负责监护，如考生存在可能危及安全的操作，考评员有权终止考评，并取消考生本项考试资格。

(三) 步骤及要求

(1) 使用试电笔进行配电盘验电，目测检查计量装置封印、外观、接线及终端天线是否正常。

(2) 启封并检查三相电能表各项显示是否正常，抄录电能表止码、出厂编号、通信规约和终端各项参数等信息。

(3) 终端的现场调试。

1) 使用现场检测仪检查通信信号强度，终端 SIM 卡与主站通信情况；

2) 检查终端通信参数设置并记录，包括终端区位码、地址码、主站 IP、主站端口、APN、心跳周期、SIM 卡信息；

3) 检查终端登陆主站情况；

4) 设置终端测量点参数并记录，包括测量点编号、被采电能表地址码、通信规约及波特率、终端通信端口；

5）使用仪器检查电能表 RS485 通信接口情况；

6）查询测量点实时数据，并记录。

（4）主站与终端联调。

1）进入前置机界面，刷新在线终端列表，通过地址码查找终端是否在线；

2）进入电力营销业务应用系统（简称营销系统），根据安装工作单发起终端新装建档流程；

3）根据调试记录信息，在营销系统流程对应环节中录入终端各项通信参数，触发调试流程至用电信息采集系统（简称采集系统）；

4）进入采集系统，在待办工作界面中找到对应工单完成采集系统建档流程，并通知营销系统。

5）在营销系统流程归档，完成终端新装建档、参数下发及召测。

（四）完工检查

（1）计量装置加封。

（2）清理工作现场，上交工作记录，报完工后撤离现场。

二、考核

（一）考核场地

工位不小于 1500mm×1500mm，考试可室内进行，相邻工位应确保距离合适，不应存在影响安全的其他因素。

（二）考核要点

1. 安全

（1）个人安全防护。

（2）安全措施执行。

2. 技能

（1）个人工器具的使用。

（2）仪器设备的使用。

（3）操作规范性。

（4）记录完整性。

（三）考核时间

（1）考试总时间为 45min。

（2）许可开工后即开始计时，满 45min 终止考试。

（3）考试时间内，考生报完工后记录为考试结束时间。

三、评分参考标准

行业：电力工程　　　　　工种：电力负荷控制员　　　　　等级：一

编号	FK102	行为领域	e	鉴定范围	
考核时间	45min	题型	C	含权题分	30
试题名称	主站与终端设备的联调				
考核要点及其要求	(1) 终端参数设置、及实时数据召测正确。 (2) 记录正确、完整				
现场设备、工器具、材料	(1) 工器具：万用表、尖嘴钳、斜口钳、剥线钳、试电笔、平口螺钉旋具、梅花螺钉旋具。 (2) 材料：终端调试记录单、绝缘胶布、一次性铅封。 (3) 设备：终端运行模拟系统（模拟主站、电脑、营销仿真库、采集仿真库、模拟配电盘含终端及电能表）、现场检测仪				
备注	采集终端作业现场记录单见 FK502 附 1				

评分标准

序号	作业名称	质量要求	分值	扣分标准	扣分原因	得分
1	着装	需正确佩戴安全帽，穿工作服、绝缘鞋，工作过程中戴手套	5	(1) 未穿工作服扣3分，工作服未系袖扣、敞怀各扣1分，其他每缺一项2分； (2) 工作中脱安全帽及手套各扣2分； (3) 未正确佩戴安全帽扣1分		
2	开工许可	口述安全措施并经许可后开工	3	(1) 未口述安全措施扣3分，安全措施不完备扣1～2分； (2) 未经许可进入工位该项扣3分		
3	工器具使用	合理选择并正确使用工器具	2	(1) 选择工具不合理，每次扣1分； (2) 使用工具不正确，每次扣0.5分		

<table>
<tr><td colspan="8" align="center">评分标准</td></tr>
</table>

序号	作业名称	质量要求	分值	扣分标准	扣分原因	得分
4	现场检查	首先使用试电笔进行配电盘验电	2	（1）未进行验电扣2分，验电操作不正确扣1分； （2）使用验电笔验电时，脱去手套不扣分		
		检查计量装置封印、外观、接线及终端天线是否正常	3	未检查扣3分，每处漏检扣1分		
		检查三相电能表各项显示，发现并记录电能表异常报警	5	应检查日历、时钟、时段设置、电池状态，以及失压、断流记录等显示项，未检查扣5分，每处异常漏检或未记录扣2分		
5	现场调试	检查并记录现场通信信号强度和终端登录	10	（1）未查通信信号强度，扣2分； （2）未查通终端SIM卡与主站通信情况，扣2分； （3）未查通终端登录主站情况，扣5分		
		检查并记录终端通信参数设置	10	记录终端区位码、地址码、主站IP、主站端口、APN，每处漏项扣2分		
		设置并记录终端测量点参数	10	（1）被采电能表地址码设置错误扣5分； （2）被采电能表通信规约及波特率设置错误误扣10分； （3）终端通信端口设置错误扣5分； （4）未设置交流采样扣5分； （5）记录每处漏项，每处扣5分		
6	系统流程	执行营销系统采集点设置终端新装流程	10	（1）选择轮换流程错误，扣10分； （2）未通知采集系统调试该项不得分； （3）未完成流程归档扣5分		

		评分标准				
序号	作业名称	质量要求	分值	扣分标准	扣分原因	得分
7	参数下发及召测	终端通信参数设置正确	10	（1）SIM卡选择错误扣2分； （2）终端地址设置错误扣5分； （3）前置机设置错误扣5分； （4）心跳周期设置错误扣2分		
		终端采样参数设置正确	10	（1）被采电能表地址码设置错误扣2分； （2）被采电能表通信规约及波特率设置错误扣5分； （3）终端通信端口设置错误扣2分； （4）未设置交流采样扣2分； （5）测量点类型设置错误扣2分		
		终端主动上报任务设置正确	2	每处漏项扣1分		
		召测时钟及电能表实时数据正确	3	（1）未成功召测电能表实时数据扣3分； （2）未召测终端及被采电能表时钟扣2分		
8	完工检查	计量装置加封	5	未加封扣5分，漏封每处扣2分		
9	安全文明生产	安全文明操作，不损坏工器具，不发生安全事故	10	（1）跌落工器具每次扣2分，损坏仪器扣10分； （2）未清理现场、未报完工各扣5分； （3）如发生电压回路短路等危及安全的操作，考生本项考试不及格		
考试开始时间				考试结束时间	合计	
考生栏		编号： 姓名：		所在岗位： 单位：	日期：	
考评员栏		成绩： 考评员：		考评组长：		

191

FK102 附：专用变压器采集终端建档记录单

专用变压器采集终端建档记录单

客户名称（编号）			计量点位置			建档人		
营销申请编号					采集流程编号			
序号	作业程序		\multicolumn{6}{c}{作业要求及检查情况}				
1	终端信息		出厂编号			区位码/地址码		/	
2	交流采样参数		测量点			通信规约			
			正向示数	总：	峰：	平：		谷：	无：
3	电能表通信参数	主表	测量点			通信规约波特率			
			出厂编号						
		副表	测量点			通信规约波特率			
			出厂编号						
4	电能表召测	主表	日历			时钟			
			正向示数	总：	峰：	平：		谷：	无：
		副表	日历			时钟			
			正向示数	总：	峰：	平：		谷：	无：
5	终端功能召测		日历			时钟			
			远程抄表	成功（ ）失败（ ）		主动上报	正常（ ）失败（ ）		
			保电状态	是（ ）否（ ）		分/合闸状态	分闸（ ）合闸（ ）		
6	备注								

一、施工

(一) 设备

电脑(带 CAD 绘图软件,并按 485 方式、全载波方式、半载波方式、无线方式各对应一张典型低压台区示意图)。

(二) 安全要求

操作过程中,考评员负责监护,如考生存在可能危及安全的操作,考评员有权终止考评,并取消考生本项考试资格。

(三) 步骤及要求

(1) 考生通过抽签方式,选择以上 4 种典型低压台区中的 2 种进行考核。

(2) 调出 CAD 软件中低压台区示意图(包括线路情况、楼栋分布地理信息等),并打印。

(3) 根据台区示意图,选择对应的适合的采集方案,分析典型低压台区特点及所选采集方案的优缺点,并确认集中器、采集器安装位置、数量及电源取点。

(4) 在示意图上进行标示,并形成文字方案说明。

(5) 各类公用变压器采集方案优缺点见表 FK103-1,各类公用变压器采集方案适用范围及使用建议见表 FK103-2。

表 FK103-1 各类公用变压器采集方案优缺点

分类		特点
有线通信	低压窄带载波	(1) 指载波信号频率小于等于 500kHz 的低压电力线载波通信,占用频带较窄,数据传输速率较宽带载波 PLC 低。 (2) 数据双向传输,无需另外铺设通信线路,安装方便,适应性好。 (3) 电力线存在信号衰减大、噪声源多且干扰强、受负载特性影响大等问题
	低压宽带载波	(1) 指载波信号频率大于 500kHz 的电力线载波通信,占用频带宽,数据传输速率高。 (2) 数据双向传输,无需另外铺设通信线路,安装方便,适应性好。 (3) 存在高频信号衰减较快的问题,在长距离通信中需中继组网解决

分类		特点
有线通信	RS485 总线	信号传输可靠性高，双向传输，需敷设 RS485 线路，存在安装调试复杂，容易遭人破坏等问题
无线通信	微功率 无线	双向传输、功耗低、自组网、安装方便，不需单独铺设通信线路，信号易受障碍物阻挡

表 FK103 - 2 各类公用变压器采集方案适用范围及使用建议

分类		适用范围	使用建议
有线通信	低压窄带载波	电能表位置较分散、布线较困难、用电负载特性变化较小的台区	农村公用变压器台区供电区域、别墅区、城市公寓小区
	低压宽带载波	电能表位置集中的台区	城市公寓小区，推荐采用集中器采集器、RS485 电能表的模式
	RS485 总线	电能表位置集中、用电负载特性变化较大的台区	城市新建公寓小区
无线通信	微功率 无线	电能表位置集中、用电负载特性变化较大的台区	已建城市公寓小区，也可与 RS485 或低压载波组合使用

（四）完工检查

（1）再次核对勘查结果及采集方案相关信息。

（2）清理工作现场、上交工作记录，报完工后撤离现场。

二、考核

（一）考核场地

考试在室内进行，相邻工位应确保距离合适，不应存在影响安全的其他因素。

（二）考核要点

1. 安全

（1）个人安全防护。

（2）安全措施执行。

2. 技能

（1）CAD 识图。

（2）公用变压器典型台区的特点及适宜采集方案的优缺点。

（3）记录完整性。

（三）考核时间

（1）考试总时间为 30min。

（2）许可开工后即开始计时，满 30min 终止考试。

（3）考试时间内，考生报完工后记录为考试结束时间

三、评分参考标准

行业：电力工程　　　　　　工种：电力负荷控制员　　　　　等级：一

编号	FK103	行为领域	e	鉴定范围	
考核时间	30min	题型	C	含权题分	25
试题名称	公用变压器台区采集方案的选择及编制				
考核要点及其要求	（1）CAD 识图。 （2）公用变压器典型台区的特点及适宜采集方案的优缺点。 （3）记录完整性				
现场设备、工器具、材料	电脑（带 CAD 绘图软件，并按 485 方式、全载波方式、半载波方式、无线方式各对应一张典型低压台区示意图）				
备注					

			评分标准				
序号	作业名称	质量要求	分值	扣分标准	扣分原因	得分
1	着装	需正确佩戴安全帽，穿工作服、绝缘鞋，工作过程中戴手套	10	（1）未穿工作服扣 3 分，工作服未系袖扣、敞怀各扣 1 分，其他每缺一项扣 2 分； （2）工作中脱安全帽及手套各扣 2 分； （3）未正确佩戴安全帽扣 1 分		
2	调出并打印低压台区示意图	能正确使用 CAD 软件，调用并打印出低压台区示意图	5	未能正确使用 CAD 打印出台区示意图扣 10 分		
3	分析典型低压台区特点（答辩形式）	分析台区地理及建筑特点，所装电能表类型及安装分布	30	（1）台区地理及建筑特点不正确各扣 7.5 分； （2）所装电能表类型及安装分布分析不正确各扣 7.5 分		

		评分标准				
序号	作业名称	质量要求	分值	扣分标准	扣分原因	得分
4	确定适宜的采集方案并分析其优缺点（答辩形式）	分析所选采集方案优缺点	30	优缺点分析不正确每条扣6分		
5	确定集中器、采集器安装位置、数量及电源取点并在图纸上进行标注	示意图上标示清楚、完整，方案文字表述清晰、正确	15	标示不清楚、不完整，表述不清晰、不正确每处扣3分		
6	安全文明生产	安全文明操作，不损坏工器具，不发生安全事故	10	跌落工具每次扣2分，损坏仪器扣10分；未清理现场，未报完工各扣5分		
考试开始时间			考试结束时间		合计	
考生栏	编号：	姓名：	所在岗位：	单位：	日期：	
考评员栏	成绩：	考评员：		考评组长：		

196

FK104　测量高频电缆的功率衰耗

一、操作

（一）工器具

工器具：电工个人组合工具 1 套、电子式万用表 1 块、SX－400 通过式功率计（配不小于 15W 负载）1 台、音频信号发生器 1 台、对讲机 2 部。

（二）安全要求

（1）（现场测量时）填用第二种工作票。

（2）（现场测量时）完成工作许可制度。

（3）（现场测量时）防止工作中引起控制开关误跳闸。

（4）（现场测量时）登高作业时防止高处坠落或坠物伤人或损坏设备。

（5）防止测量时高频电缆开路或短路损坏电台。

（三）步骤及要求

（1）（现场测量时）完成工作许可手续后再开始工作。

（2）（现场测量时）误动无关设备的安全措施。

（3）（现场测量时）防止工作中误跳开关的安全措施。

（4）标准信号发生器输出严格调整到电台要求的频率、接口阻抗和电平。

（5）使用符合电台输出功率要求范围的功率计及功率和阻抗合适的负载。

（6）分两次测量被测电缆输入、输出端功率电平，中间切换接线前关闭电台。

（7）为使测量准确，两次测量时信号发生器频率、接口阻抗和电平要一致，功率计要读取稳定值。

（8）计算两次功率及读取稳定值的差，得到被测高频电缆的功率衰耗。

二、考核

（一）考核场地

考试在室内进行，工位不小于 1200mm×1500mm，相邻工位应确保距离合适，不应存在影响安全的其他因素。

（二）考核要点

（1）安全、技术措施的落实。

（2）按符合要求的技术指标测试。

（3）采取必要的措施避免测试中粗大误差的发生。

（4）计算被测高频电缆的功率衰耗时，要注意转换成电平值。

（三）考核时间

考核时间为 30min。

三、评分参考标准

行业：电力工程　　　　　　工种：电力负荷控制员　　　　　　等级：一

编号	FK104	行为领域	e	鉴定范围	
考核时间	30min	题型	B	含权题分	25
试题名称	测量高频电缆的功率衰耗				
考核要点及其要求	（1）安全、技术措施的落实。 （2）按符合要求的技术指标测试。 （3）采取必要的措施避免测试中粗大误差的发生。 （4）计算被测高频电缆的功率衰耗时，要注意转换成电平值				
现场设备、工器具、材料	工器具：电工个人组合工具 1 套、电子式万用表 1 块、SX-400 通过式功率计（配不小于 15W 负载）1 台、音频信号发生器 1 台、对讲机 2 部				
备注					

			评分标准				
序号	作业名称	质量要求		分值	扣分标准	扣分原因	得分
1	着装	需正确佩戴安全帽，穿工作服、绝缘鞋，工作过程中戴手套		5	（1）未穿工作服扣 3 分，工作服未系袖扣、敞怀各扣 1 分，其他每缺一项扣 2 分； （2）工作中脱安全帽及手套各扣 2 分； （3）未正确佩戴安全帽扣 1 分		
2	工器具、材料准备	（1）一次性选好所需工器具； （2）一次性准备好需要的测量仪器、仪表		10	（1）缺一项工器具扣 5 分； （2）缺一仪表扣 10 分		

		评分标准				
序号	作业名称	质量要求	分值	扣分标准	扣分原因	得分
3	安全工作	(1) 按要求填写第二种工作票； (2) 登高作业时防止高处坠落或坠物伤人或损坏设备； (3) 做好防止误动开关的安全措施	15	(1) 开工、完工未履行手续扣10分； (2) 工作过程安全措施执行不到位扣5分		
4	标准信号发生器检查调整	严格控制输入信号频率、电平及输入阻抗	10	(1) 未检查调整频率扣5分； (2) 未检查调整电平扣5分； (3) 未检查输出阻抗扣5分		
5	功率计及标准负载检查调整	按电台输出功率要求范围及负载功率及阻抗检查调整	10	(1) 未检查调整输出功率范围扣5分； (2) 未检查调整负载功率及阻抗扣5分		
6	在高频电缆输入输出端分次测量	(1) 防止测量时高频电缆开路或短路损坏电台； (2) 仪表、仪器要求预热至稳定工作，测量条件保持一致	30	(1) 中间切换接线前未关闭电台扣10分； (2) 切换接线前后未检查信号发生器频率、接口阻抗和电平的一致性扣10分； (3) 仪表仪器未预热至稳定工作，读取功率计未达到稳定值时扣10分		
7	计算结果	根据两次测量值计算高频电缆衰耗，如测量时不是电平值，要转换成电平值	5	计算错误或不合要求扣5分		
8	安全文明生产	安全文明操作，不损坏工器具，不发生安全事故	15	(1) 跌落工器具每次扣2分，损坏仪器扣10分； (2) 未清理现场、未报完工各扣5分		

考试开始时间			考试结束时间		合计	
考生栏	编号： 姓名：	所在岗位：	单位：		日期：	
考评员栏	成绩： 考评员：		考评组长：			

FK105 10kV重要客户电能计量装置施工方案编制

一、操作

（一）工器具、材料

（1）工器具：函数式计算器、黑色中性书写笔、B2铅笔、电工绘图模板。

（2）材料：含不同客户背景（计算参数：电压、负荷、用电类别等）的编号试卷、答题A4白纸、三色彩色草稿纸等。10kV重要客户一次系统图如图FK105-1所示。

（二）场地要求

（1）标准培训教室。

（2）内网畅通，现场备有扩音系统、投影系统、书写白板。

（三）步骤及要求

（1）分析客户背景，计算电气参数，按照相关法规要求确定供电方式、计量点的数量和位置、主附表套数、计量方式。

（2）现场勘测要点。

1）查是否具备现场安装条件；

2）查互感器配置：型号、规格、尺寸、准确度；

3）除常规施工外，还需作何特别准备（如工具、材料、人员）；

4）到达现场后查找危险点，对危险点进行分析并考虑如何采用预防措施；

5）查现场安全措施如何准备，是否需要联系停电，如杆上共低压线的等；

6）安装点原地还是异地，确定安装方案；

7）需客户配合的，应交代客户准备事项和时间；

8）需业务技术科协调的，向运行专责提出勘查意见；

9）写出书面勘查意见：整改内容、施工方案、准备工作、停电安全措施、人员配置；

10）绘制现场简图。

（3）工具、材料、人员的准备：

图 FK105－1 10kV 重要客户一次系统图

1）所需的材料、公用、个人（安全）工具和仪表是否配置完整，功能是否完好适用、是否准备停当；

2）编制工具、材料、人员分工列表；

3）填写工作票。

（4）安装方法及步骤：

1）以保证安全运行为出发点，观察并确定电流、电压互感器的排列和放置（相间距离）；

2）根据电源方向确定互感器一次极性端后固定互感器：无支架的加装支架、有支架的确定固定孔位行固定；

3）用万用表测量 TV 熔断器是否导通，外观检查是否完好；

4）将熔断器一端和 TV 一次用螺栓连接固定，另一端与电源侧用铝排或电缆可靠连接；

5）用桔红色四芯四色 $4 \times 2.5 mm^2$ 电缆作 TV 二次电缆（红 * 1、黄 * 1、绿 * 1、黑 * 1），分别以黄、绿、红对应 U、V、W 相，绿、黑线在 TV 侧分接两只 TV 的 B 相（v/v 接线）；

6）用黑色四芯四色 $4 \times 4 mm^2$ 电缆做 TA 二次电缆（红 * 1、黄 * 1、绿 * 1、黑 * 1），分别以黄、红做 U、W 相电流进线，绿、黑作 U、W 相电流出线（v/v 接线）；

7）电流、电压二次电缆应顺计量柜边缘排列整齐并固定。固定时，不要将电缆的绝缘层损坏；

8）电能表和端子盒安装在计量柜内，按照杆上作业标准予以安装；

9）TV 和 TA 的二次接地点应在互感器二次侧接地；

10）电缆以外的二次线色的区分及使用应和电缆的线色一致；

11）位于用户处的须安装防窃门锁和进行计量柜封闭的按有关要求施工。

（5）完工、检查：

1）查互感器一次极性和二次极性是否对应一致；

2）查互感器电流、电压二次线是否按标志并对应一次相序和极性顺序进入端子盒；

3）以顺藤摸瓜方式查端子盒电流、电压出线是否顺序进入电能表端子，切忌电流线和电压线交叉、电流和电压不同相；

4）查端子盒电流线进、出孔是否正确，短路片是否处于正确位置；

5）查一次设备和管线的密封绝缘是否有效；

6）查螺丝是否紧固到位（特别是电流回路）；

7）查安全距离是否满足要求；

8）工作单是否填写正确；

9）检查杆上是否有遗留物品；

10）电能表盖、端子盒、表箱盖（计量柜门）、互感器二次、TV 端子盒、TV 操作刀闸需要加封的必须加封；

11）工作小组清扫，整理现场，拆除所做的安全措施，检查是否有工具、材料遗留现场；

12）工作完毕后，工作负责人应确认安全措施全部拆除，人员全部退出后报完工；

13）向客户或值班人员交代事项；

14）对于安装的电能表、互感器应告知客户当时的表计信息，得到客户确认并在工作单上签字。

二、考核

（一）考核场地

（1）考场可以设在抄表核算装置的室内进行。单人桌椅，分组、分区已定置就位。

（2）分区设置明显的隔离围栏。

（3）设置评判桌椅和计时器。

（二）注意事项

（1）考生进场抽签决定考位、题号。要确保考位四方（前后左右）的试卷题号不同、稿纸颜色不同，且至少当天所有批次的考题答案没有重复。

（2）要求单人答卷。考生就位，检查计算工具（计算器、笔）无误。

（3）监考人员发放试卷、稿纸、答题纸，经许可后开始答题，并开始计时。

（4）在规定时间内完成计算，将正确的答案填写在答题纸上。

（5）提前完成的考生，必须立即将试卷、答题纸、草稿纸反扣在桌面，将计算工具整理归位，方可离场。

（6）计时结束，不论是否完成答题，考生必须立即将试卷、答题纸、草稿纸反扣在桌面，离开考场。

（7）考生不得携带任何计算工具、纸张、通信工具进出考场，否则按作弊处理。

（8）监考人员必须每轮次都重新清理、检查、布置考场环境。

（三）考核要点

1. 安全

（1）个人安全防护。

（2）遵守考场规定。

2. 技能

（1）政策的正确运用。

（2）电气参数的准确计算。

（3）相关信息确认的精确、规范。

（4）记录完整。

（三）考核时间

（1）考试总时间为60min。

（2）许可开工后即开始计时，满60min终止考试。

（3）考试时间内，考生交卷离场后记录为考试结束时间。

三、评分参考标准

行业：电力工程　　　　　　工种：电力负荷控制员　　　　　　等级：一

编号	FK105	行为领域	e	鉴定范围	
考核时间	60min	题型	A	含权题分	50
试题名称	10kV重要客户电能计量装置施工方案编制				
考核要点及其要求	（1）根据客户背景资料编制计量装置施工方案。 （2）确定信息的精确规范				
现场设备、工器具、材料	（1）工器具：函数计算器、黑色中性书写笔、B2铅笔、电工绘图模板，考核人员每人1套。 （2）材料：含不同客户背景（计算参数：电压、负荷、用电类别等）的编号试卷、答题A4白纸、三色彩色草稿纸等				
备注					

			评分标准				
序号	考核要点	质量要求	分值	扣分标准	扣分原因	得分
1	检查工器具、材料	根据工作要求检查工器具及材料等	5	（1）未检查的扣5分； （2）漏、错检查每一件扣1分，最多扣5分		
2	着装、穿戴	工作服、工作鞋等穿戴正确	5	不按规定穿着扣5分		
3	电气参数计算	正确无误	10	（1）不正确扣10分； （2）漏项每处扣5分		
4	现场勘测信息	全面规范	10	（1）不正确扣10分； （2）漏项每处扣5分		

评分标准						
序号	考核要点	质量要求	分值	扣分标准	扣分原因	得分
5	人机料的准备	精确规范	10	（1）不正确扣 10 分； （2）漏项每处扣 5 分		
6	安装方法步骤	合理规范	10	（1）不正确扣 10 分； （2）漏项每处扣 5 分		
7	完工及检查	精确规范	10	（1）不正确扣 10 分； （2）漏项每处扣 5 分		
8	书写	工整、清晰	5	（1）不工整扣 3～5 分； （2）涂改每处扣 5 分		
9	清理现场	交卷前清理工具、答卷等，定置归位	5	（1）交卷前不清理扣 5 分； （2）不定置归位每件扣 3 分		
10	安全文明生产	文明答题，禁止交谈讨论，不损坏工器具，不发生作弊等违规行为	10	（1）有作弊行为本题不得分； （2）交谈讨论每次扣 20 分； （3）损坏工具每件扣 10 分		
考试开始时间				考试结束时间		合计
考生栏		编号： 姓名：		所在岗位： 单位：		日期：
考评员栏		成绩： 考评员：			考评组长：	

根据数据库结构按要求编制SQL语句导出需要的数据

一、操作

(一) 设备、材料
(1) 设备：有权操控采集系统的计算机工作站1套。
(2) 材料：数据库数据结构参考表1份，数据需求工单1张。

(二) 安全要求
(1) 严格执行国网公司计算机管理规范要求。
(2) 严格按操作权限使用采集系统工作站。

(三) 步骤及要求
(1) 数据需求工单分析。
(2) 依据数据库结构信息，规划提取方案。
(3) 检查数据库 SQL 模块运行状况。
(4) 编制调试 SQL 语句，分析运行结果。
(5) 完成查询，导出需要的数据。

二、考核

(一) 考核场地
考核现场配有模拟采集系统管理工作站的计算机及必备设施，单人桌椅、分组、分区已定置就位。

(二) 考核要点
(1) 数据需求工单分析。
(2) 依据数据库结构信息，规划提取方案。
(3) 检查数据库 SQL 模块运行状况。
(4) 编制调试 SQL 语句，分析运行结果。
(5) 完成查询，导出需要的数据。

(三) 考核时间
(1) 考核时间为 25min，从了解题目后，许可开始起计时。

（2）现场清理完毕后，汇报工作终结，记录考核结束时间。

三、评分参考标准

行业：电力工程　　　　　　工种：电力负荷控制员　　　　　　等级：一

编号	FK106	行为领域	e	鉴定范围	
考核时间	25min	题型	C	含权题分	25
试题名称	根据数据库结构按要求编制 SQL 语句导出需要的数据				
考核要点及其要求	（1）数据需求工单分析。 （2）依据数据库结构信息，规划提取方案。 （3）检查数据库 SQL 模块运行状况。 （4）编制调试 SQL 语句，分析运行结果。 （5）完成查询，导出需要的数据				
现场设备、工器具、材料	（1）设备：有权操控采集系统的计算机工作站 1 套。 （2）材料：数据库数据结构参考表 1 份，数据需求工单 1 张				
备注					

评分标准

序号	作业名称	质量要求	分值	扣分标准	扣分原因	得分
1	着装	穿干净整洁棉质工作服	5	未穿工作服扣 3 分，工作服不整洁扣 2 分		
2	数据需求工单分析	检查需求数据是否与系统数据关联，不关联时提出其他来源方案；口述是否需要其他数据来源	5	未分析扣 5 分		
3	规划提取方案	依据数据库结构信息，规划提取方案；口述需要涉及的数据库表项目	5	未规划扣 5 分		
4	开工许可	口述计算机使用注意事项、安全措施，请示采集系统操作权限，并经许可后开工	5	（1）口述计算机使用注意事项、安全措施，未经许可就上机操作扣 5 分； （2）未请示采集系统操作权限就上机操作扣 5 分		
5	操作前核验	操作前口述操作条件是否完备	5	未口述操作条件是否完备扣 5 分		

			评分标准				
序号	作业名称	质量要求	分值	扣分标准	扣分原因	得分
6	检查数据库SQL模块运行状况	（1）检查操作权限是否符合要求； （2）检查系统功能是否完好	10	未检查扣10分		
7	编制调试SQL语句	编制调试SQL过程中，禁止新增或删改数据库	35	（1）发现有新增或删改数据库操作，终止考评； （2）SQL语句效率低下扣5分		
8	分析SQL运行结果	SQL运行结果符合要求，无遗漏，无多余或重复项	15	结果有遗漏、多余或重复项扣5～15分		
9	导出需要的数据	以合适的格式生成数据文件并按要求导出	10	格式或内容不合要求扣10分		
10	安全文明生产	工作环境整洁	5	现场未清理扣5分		
考试开始时间				考试结束时间		合计	
考生栏	编号：	姓名：	所在岗位：		单位：	日期：	
考评员栏	成绩：	考评员：			考评组长：		

根据数据库结构按要求编制SQL语句排查数据库中异常参数或用电数据

一、操作

（一）设备、材料
（1）设备：有权操控采集系统的计算机工作站1套。
（2）材料：数据结构参考表1份，异常数据排查需求工单1张。

（二）安全要求
（1）严格执行国网公司计算机管理规范要求。
（2）严格按操作权限使用采集系统工作站。

（三）步骤及要求
（1）异常数据排查需求工单分析。
（2）依据数据库结构信息，规划排查方案。
（3）检查数据库 SQL 模块运行状况。
（4）编制调试 SQL 语句，分析运行结果。
（5）完成查询，导出需要的数据。

二、考核

（一）考核场地
考核现场配有模拟采集系统管理工作站的计算机及必备设施，单人桌椅、分组、分区已定置就位。

（二）考核要点
（1）异常数据排查需求工单分析。
（2）依据数据库结构信息，规划排查方案。
（3）检查数据库 SQL 模块运行状况。
（4）编制调试 SQL 语句，分析运行结果。
（5）完成查询，导出需要的数据。

（三）考核时间
考核时间为 25min。

三、评分参考标准

行业：电力工程　　　　　　　工种：电力负荷控制员　　　　　　　等级：一

编号	FK107	行为领域	e	鉴定范围	
考核时间	25min	题型	C	含权题分	25
试题名称	根据数据库结构按要求编制 SQL 语句排查数据库中异常参数或用电数据				
考核要点及其要求	(1) 异常数据排查需求工单分析。 (2) 依据数据库结构信息，规划排查方案。 (3) 检查数据库 SQL 模块运行状况。 (4) 编制调试 SQL 语句，分析运行结果。 (5) 完成查询，导出需要的数据				
现场设备、工器具、材料	(1) 设备：有权操控采集系统的计算机工作站 1 套。 (2) 材料：数据结构参考表 1 份，异常数据排查需求工单 1 张				
备注					

评分标准

序号	作业名称	质量要求	分值	扣分标准	扣分原因	得分
1	着装	穿干净整洁棉质工作服	5	(1) 未穿工作服扣 3 分； (2) 工作服不整洁各扣 2 分		
2	异常数据排查需求工单分析	分析异常数据可能存在于数据库中的监督项，口述所需数据监督项名目	5	无分析扣 5 分		
3	规划排查方案	提出排查方案	5	无方案扣 5 分		
4	开工许可	口述计算机使用注意事项、安全措施，请示采集系统操作权限，并经许可后开工	5	(1) 口述计算机使用注意事项、安全措施，未经许可就上机操作扣 5 分； (2) 未请示采集系统操作权限就上机操作扣 5 分		
5	操作前核验	操作前口述操作条件是否完备	5	未口述操作条件是否完备扣 5 分		
6	检查数据库 SQL 模块运行状况	(1) 检查操作权限是否符合要求； (2) 检查系统功能是否完好	10	未检查扣 10 分		

		评分标准				
序号	作业名称	质量要求	分值	扣分标准	扣分原因	得分
7	编制调试SQL语句	建立异常数据分析模型，编制调试SQL过程中，禁止新增或删改数据库	35	（1）发现有新增或删改数据库操作，终止考评； （2）所建分析模型达不到分析异常的必要条件的扣30分； （3）SQL语句效率低下扣5分		
8	分析SQL运行结果	SQL运行结果符合要求，无遗漏，无多余或重复项	15	结果有遗漏、多余或重复项扣5～15分		
9	导出需要的数据	以合适的格式生成数据文件并按要求导出	10	格式或内容不合要求扣10分		
10	安全文明生产	工作环境整洁	5	现场未清理扣5分		
考试开始时间			考试结束时间		合计	
考生栏	编号：　　姓名：		所在岗位：　　单位：		日期：	
考评员栏	成绩：　　考评员：		考评组长：			

专用变压器终端控制失败消缺

一、操作

（一）工器具、材料

（1）工器具：3mm、5mm 一字螺钉旋具各 1 件，3mm、5mm 十字螺钉旋具各 1 件，尖嘴钳 1 把，老虎钳 1 把，剥线钳 1 把，150mm 活动扳手 2 把，万用表 1 块。

（2）材料：任务单、资料单。

（二）安全要求

（1）按工作任务单要求分析专用变压器终端控制失败可能原因，准备工具材料，现场作业前填用二种工作票。

（2）完成工作许可。

（3）确认控制失败的专变终端和现场用户终端相符合。

（4）防止工作中引起其他开关误跳闸。

（5）登高作业时防止高处坠落或坠物伤人或设备。

（三）步骤及要求

（1）分析专用变压器终端控制失败原因，填用第二种工作票。

（2）确认控制失败的专用变压器终端和现场用户终端相符合。

（3）说明工作任务并完成工作许可手续后再开始工作。

（4）按照控制完成后布置现场运行方式及安全措施。

（5）终端通信及系统功能故障处理、控制系统及回路检查处理等。

二、考核

（一）考核场地

能模拟负荷控制现场包括用电采集装置、现场控制系统、开关等的考核场地，单人桌椅、分组、分区已定置就位。

（二）考核要点

（1）专用变压器终端控制的形式及故障现象分析，选择应对方法。

（2）安全、技术措施的落实。

（3）按照控制完成后布置现场运行方式及安全措施。

（4）终端通信及系统功能检查处理。

（5）现场控制系统的检查处理。

（三）考核时间

考核时间为 30min。

三、评分参考标准

行业：电力工程 　　　　　 工种：电力负荷控制员 　　　　　 等级：一

编号	FK108	行为领域	e	鉴定范围	
考核时间	30min	题型	B	含权题分	25
试题名称	专用变压器终端控制失败消缺				
考核要点及其要求	（1）专用变压器终端控制分为由定值限定的闭环（电量、功率等）控制和遥控等多种形式，控制失败消缺前必须分析故障现象，采用适当的应对方法。 （2）安全、技术措施的落实。 （3）按照控制完成后布置现场运行方式及安全措施。 （4）终端通信及系统功能检查处理。 （5）现场控制系统的检查处理				
现场设备、工器具、材料	（1）工器具：3mm、5mm 一字螺钉旋具各 1 件，3mm、5mm 十字螺钉旋具各 1 件，尖嘴钳 1 把，老虎钳 1 把，剥线钳 1 把，150mm 活动扳手 2 把，万用表 1 块。 （2）材料：任务单、资料单				
备注					

序号	作业名称	质量要求	分值	扣分标准	扣分原因	得分
				评分标准		
1	着装	需正确佩戴安全帽，穿工作服、绝缘鞋，工作过程中戴手套	5	（1）未穿工作服扣 3 分，工作服未系袖扣、敞怀各扣 1 分，其他每缺一项扣 2 分； （2）工作中脱安全帽及手套各扣 2 分； （3）未正确佩戴安全帽扣 1 分		
2	前期准备	根据控制失败的类型分析原因，准备检修材料等	10	（1）未核对用户资料扣 5 分； （2）未分析造成控制失败的因素扣 5 分		

			评分标准				
序号	作业名称	质量要求	分值	扣分标准	扣分原因	得分
3	工器具、材料准备	（1）一次性选好所需工器具； （2）一次性准备好需要的测量仪器、仪表及材料	10	（1）缺一项工器具扣5分； （2）缺一测量仪器、仪表及材料扣5分		
4	安全工作	（1）按要求填写第二种工作票； （2）登高作业时防止高处坠落或坠物伤人或设备； （3）按照控制完成后布置现场运行方式及安全措施	10	（1）开工、完工未履行手续扣10分； （2）未按照控制完成后布置现场运行方式及安全措施扣10分		
5	终端通信及系统功能检查处理	（1）检测SIM卡及现场通信信号、环境是否有信号干扰； （2）核对现场通信参数； （3）核查监控总加组、电能表参数和抄读情况； （4）检查终端状态及功能	30	（1）未检查SIM卡及现场通信信号、环境干扰扣6分； （2）未核对通信方式、通信地址、地区编码、APN、主站IP、端口号等，每缺一项扣2分； （3）未检查总加组、电表参数是否正确，抄读是否正常扣6分； （4）未对终端状态（电控、功控、保电等）及功能检查扣6分		
6	现场控制系统的检查处理	（1）检查控制电源系统和控制回路接线； （2）开关就地动作试验； （3）负荷控制联动试验	20	（1）未查出故障原因扣10分； （2）未做开关就地动作试验扣5分； （3）未做负荷控制联动试验扣5分		
7	填写处理结果资料变更回执单	处理结果资料收集全面准确	5	处理结果资料变更记录缺项扣5分		
8	安全文明生产	安全文明操作，不损坏工器具，不发生安全事故	10	（1）跌落工具每次扣2分，损坏仪器扣10分； （2）未清理现场、未报完工各扣5分		
考试开始时间			考试结束时间		合计	
考生栏	编号：	姓名：	所在岗位：	单位：	日期：	
考评员栏	成绩：	考评员：		考评组长：		

FK109　TMR终端通信故障消缺

一、操作

（一）设备、工器具、材料

（1）设备：TMR终端一台、装有TMR主站软件及厂家专用调试软件内网计算机1台。

（2）工器具：十字螺钉旋具1把、一字螺钉旋具1把、万用表1块、13或07规约智能电能表2～3块、网线测试器1块。

（3）材料：$2 \times 0.5 mm^2$ 485通信线若干米，双绞线、水晶头网线若干米。

（二）前期准备

（1）TMR主站及测试软件应提前搭好。

（2）TMR终端电源及通信线路（网线、485线）应提前接好。

（3）TMR通信故障应提前设好，具体故障点如下：

1）TMR终端与主站通信链路故障，网线故障。

2）TMR终端与主站通信参数错误，IP、端口、规约设置错。

3）TMR终端与表通信链路故障，485线故障或485接口错。

4）TMR终端与表通信参数错误，规约、波特率、通信地址。

5）TMR终端关口、线路、电表档案配置错误。

（三）安全要求

按照Q/GDW 1799.1—2013《国家电网公司电力安全工作规程 变电部分》要求进行现场安全防护。

（四）步骤及要求

（1）关口、线路、电能表对应信息核查。

（2）TMR档案配置。

（3）TMR与主站通信链路及参数核查、检测。

（4）TMR与电能表通信链路及参数核查、检测。

（5）TMR通信参数设置调试。

二、考核

（一）考核场地

考核现场配有模拟系统管理工作站的计算机及必备设施，单人桌椅、分组、分区已定置就位。

（二）考核要点

（1）信息及档案核验、配置。

（2）TMR 终端与主站通信链路故障检测、相关参数设置。

（3）TMR 终端与表通信链路故障检测、相关参数设置。

（三）考核时间

考核时间为 30min。

三、评分参考标准

行业：电力工程   工种：电力负荷控制员   等级：一

编号	FK109	行为领域	e	鉴定范围	
考核时间	30min	题型	A	含权题分	25
试题名称	TMR 终端通信故障消缺				
考核要点及其要求	（1）信息及档案核验、配置。 （2）TMR 终端与主站通信链路故障检测、相关参数设置。 （3）TMR 终端与表通信链路故障检测、相关参数设置				
现场设备、工器具、材料	（1）设备：TMR 终端 1 台、装有 TMR 主站软件及厂家专用调试软件内网计算机 1 台。 （2）工器具：十字螺钉旋具 1 把、一字螺钉旋具 1 把、万用表 1 块、13 或 07 规约智能电能表 2~3 块、网线测试器 1 块。 （3）材料：2×0.5mm² 485 通信线若干米，双绞线、水晶头网线若干米				
备注					

<table>
<tr><td colspan="7" align="center">评分标准</td></tr>
<tr><td>序号</td><td>作业名称</td><td>质量要求</td><td>分值</td><td>扣分标准</td><td>扣分原因</td><td>得分</td></tr>
<tr><td>1</td><td>着装</td><td>穿干净整洁棉质工作服</td><td>5</td><td>未穿工作服扣 3 分，工作服不整洁各扣 2 分</td><td></td><td></td></tr>
<tr><td>2</td><td>开工许可</td><td>口述工作内容，并经许可后开工</td><td>5</td><td>未口述工作内容扣 2 分，未报开工扣 3 分</td><td></td><td></td></tr>
<tr><td>3</td><td>信息及档案核对</td><td>核对关口、线路、电能表信息及档案</td><td>20</td><td>核对信息不正确，每处扣 5 分</td><td></td><td></td></tr>
</table>

评分标准							
序号	作业名称	质量要求	分值	扣分标准		扣分原因	得分
4	通信故障检查消缺	要求检查出提前设置的6个故障点，并消缺	60	（1）未确定出故障点，每个扣5分；（2）未消缺成功，每个故障点5分			
5	消缺工作单填写	填写规范、整洁	5	填写不规范，每处扣1分			
6	安全文明生产	工作环境整洁	5	现场未清理扣5分			
考试开始时间				考试结束时间		合计	
考生栏		编号：　　姓名：		所在岗位：	单位：	日期：	
考评员栏		成绩：　　考评员：			考评组长：		

FK109 附：消缺工作单

消 缺 工 作 单

关口信息及档案核对							
变电站名称		关口名称		线路名称		电能表号	
上行通信情况核对							
主站 IP 地址		主站端口		通信规约			
下行通信情况核对							
485 接口		通信地址		通信规约		波特率	
故障情况描述：							
检查员				日期			

一、操作

（一）工器具、设备

（1）工器具：符合 13 版通信规约的三相三线专用变压器终端 1 台、三相三线（07 规约）智能表 2 块。

（2）设备：能访问采集系统（测试库）的计算机（含操作账号）1 台、电能表检测台或满足功能需求其他台体 1 套。

（二）安全要求

（1）严格执行国网公司计算机管理规范要求。

（2）严格按操作权限使用采集系统工作站。

（3）按照 Q/GDW《国家电网公司电力安全工作规程 变电部分》要求进行现场安全防护。

（三）步骤与要求

（1）核验派工单。

（2）核对客户信息。

（3）登录系统检查系统及终端运行状况。

（4）按派工单要求设置终端控制方案参数并下发，检查后记录执行情况。

二、考核

（一）考核场地

（1）考核现场在配有模拟采集系统管理工作站的计算机及必备设施的室内进行。单人桌椅，分组、分区已定置就位。

（2）分区设置明显的隔离围栏。

（3）设置评判桌椅和计时器。

（二）考核要点

（1）信息核验。

（2）系统及终端运行状况检查。

（3）专用变压器终端保电状态解除。

（4）按派工单要求设置终端控制方案（购电控和时段功控）参数并下发。

（三）考核时间

（1）考核时间为30min，从了解题目后，许可开始起计时。

（2）现场清理完毕后，汇报工作终结，记录考核结束时间。

三、评分参考标准

行业：电力工程　　　　　　工种：电力负荷控制员　　　　　　等级：一

编号	FK110	行为领域	e	鉴定范围	
考核时间	30min	题型	C	含权题分	25
试题名称	编制专用变压器终端采集及控制方案				
考核要点及其要求	（1）信息核验。 （2）系统及终端运行状况检查。 （3）专用变压器终端保电状态解除。 （4）按派工单要求设置终端控制方案（购电控和时段功控）参数并下发				
现场设备、工器具、材料	（1）工器具：符合13版通信规约的三相三线专用变压器终端1台、三相三线（07规约）智能表2块。 （2）设备：能访问采集系统（测库）的计算机（含操作账号）1台、电能表检测台或满足功能需求其他台体1套				
备注					

评分标准

序号	作业名称	质量要求	分值	扣分标准	扣分原因	得分
1	着装	穿干净整洁棉质工作服	5	未穿工作服扣3分，工作服不整洁扣2分		
2	开工许可	请示采集系统操作权限，并经许可后开工	5	未经许可就上机操作扣5分		
3	核对用户信息及设备运行状态	检查派工单与系统中信息是否相符，核查终端及电能表运行状态是否正常	10	（1）未核对系统用户信息及倍率，扣5分； （2）未核对终端及电能表运行状态扣5分		
4	编制采集及控制方案	正确编制控制方案、设置参数	60			
4.1	购电控	按要求正确编制方案	30	（1）购电流程执行不成功扣15分； （2）购电参数设置错误，每处扣5分		

序号	作业名称	质量要求	分值	扣分标准	扣分原因	得分
4.2	时段功控	按要求正确编制方案	30	（1）用户方案生成不成功扣10分； （2）控制参数设置错误，每处扣5分		
5	参数下发核对	下发并核对系统档案与设备参数是否一致	10	（1）下发不成功扣10分； （2）未核对扣5分		
6	控制测试	测试终端控制方案执行情况	10	控制未执行成功，每项扣5分		
考试开始时间			考试结束时间		合计	
考生栏		编号：　　姓名：　　　　所在岗位：　　　　单位：　　　　日期：				
考评员栏		成绩：　　考评员：　　　　　　　　　　考评组长：				

评分标准

FK110 附：方案编制派工单

方 案 编 制 派 工 单

用户名称（编号）						操作人	

			信息核对情况				
1	终端信息	出厂编号		区位码/地址码	/	运行状态	
2	电能表信息	总表	出厂编号	倍率		运行状态	
		分表					

				控制方案需求			
控制方案	总表	购电控	控制需求描述	购电量：50度，告警限值：30度			
	分表	时段功控		控制时段：峰时段，功率定值：500kW			

电能表信息	总表	出厂编号		倍率		运行状态	
	分表						

				控制方案需求			
控制方案	总表	购电控	控制需求描述	购电量：50度，告警限值：30度			
	分表	时段功控		控制时段：峰时段，功率定值：500kW			

参 考 文 献

［1］ 劳动和社会保障部职业技能鉴定中心. 国家职业技能鉴定教程. 北京：北京广播学院出版
　　 社，2003.
［2］ 电力行业职业技能鉴定指导中心. 电力负荷控制员. 北京：中国电力出版社，2010.